I 札幌中心部から石狩浜
II 豊平川の上流へ
III 当別川沿い，道民の森方面へ
IV 藻岩山と手稲山
V 積丹半島へ
VI 第四紀の火山
VII 夕張岳へ
VIII 日高山脈へ
IX えりも岬へ

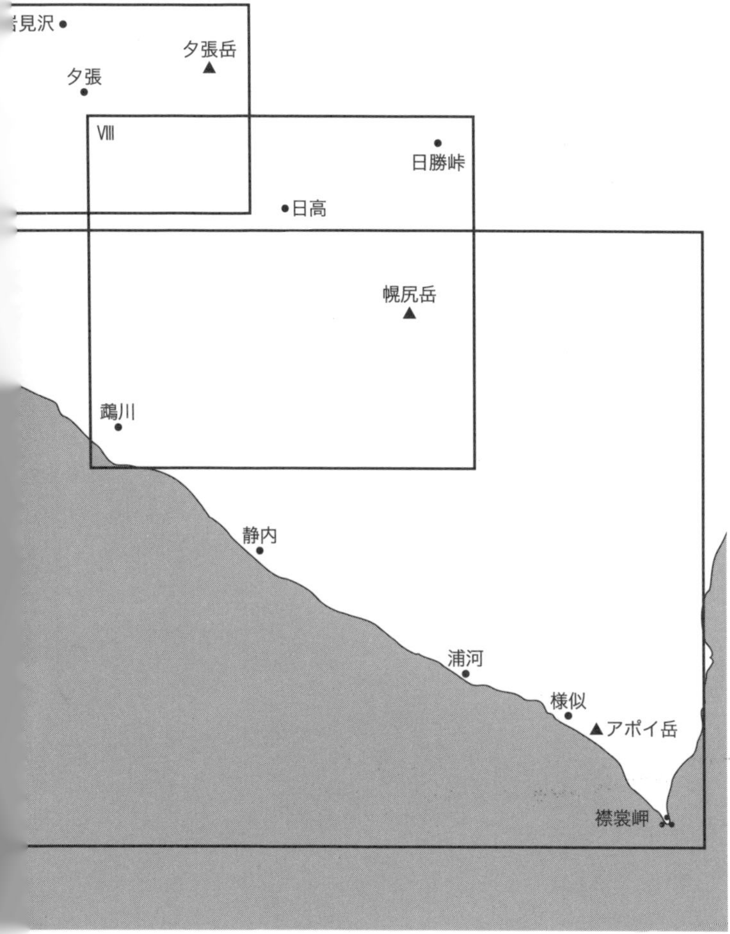

# 札幌の自然を歩く

【第3版】道央地域の地質あんない

宮坂省吾・田中実・岡孝雄・岡村聡・中川充【編著】

北海道大学出版会

# 第Ⅰ章　札幌中心部から石狩湾へ

## この章のねらい

豊平川は扇状地をつくり扇端部の道庁付近には湧水池ができました。川で運搬された土砂は，札幌北部に堆積しました。石狩湾の海水は温暖期には内陸部へ海進して砂丘をつくり，寒冷期には海は退き砂堤列を残しながら低地を広げました。

人間は水なしに生きることはできません。多くの人々は水の便のよい平坦地に集まり，自然環境を改変し，耕作地をつくってきました。自然はしばしば洪水や地震による液状化を発生させ，人々は災害を被ってきました。これを防ごうと蛇行河川を直線化し，水の流れを変えました。

この章では低地に見られる過去の遺物や地形を通して，その生い立ちと人間活動との関係を考えてみましょう。

2-⑤望来海岸
過去の海底を語る望来層と貝化石

2-③はまなす海岸
打寄せられるさまざまな漂流物

2-②知津狩
気候の寒冷化による岸線の後退にともなて残された砂堤列

1-⑥はまなすの丘公園
石狩川の河口移動により内陸化した石狩灯台

## キーワードで探ろう

石狩地震，液状化，貝化石，海成段丘，海浜，砂丘，砂堤列，自然堤防，縄文海進，扇状地，蛇行河川，段丘面，泥炭，低地，ノジュール，氾濫原，ビーチコーミング，三日月湖，メム，望来層

口絵 iii

## 平地と河川・海との関わり，人間による自然の改変を訪ねる

**2-①聚富**
海岸線に平行して発達する2段の海岸段丘

**1-③札幌大橋西側の三日月湖**
石狩地震による液状化跡と直線化工事

**1-⑤紅南小学校**
縄文時代中期末(4千年ほど前)の紅葉山砂丘49号遺跡のサケ捕獲場所

**1-②モエレ沼公園**
豊平川の旧河道に沿って発達する自然堤防と低地の景観，人工改変地形

**1-①北海道大学構内**
扇状地の扇端部に湧水するメムとサクシュコトニ川

| 主な地点 | 2-⑤ | 2-① 1-① 1-⑤ 2-② 1-⑥ 1-③ 1-② 2-③ |
|---|---|---|
| 時代 | 白亜紀 \| 古第三紀 \| 新第三紀 \| | 第四紀 |
| | 6500　　　2400　　　258 | 1　　　　　　（万年） |
| できごと | 　　　　　　　　　望来層 | 紅葉山砂丘・遺跡　　人工改変<br>縄文海進　　砂堤列　　液状化 |

# 第Ⅱ章 豊平川の上流へ

### この章のねらい

本コースでは、札幌市街地では地下深部にあって見えない地層が、豊平川をさかのぼるにしたがって上昇し、山地となって直接、手にとって観察することができます。

藻南公園付近では4万年前の支笏カルデラ形成時の火砕流堆積物、気候変動を語る何段もの河岸段丘、さらには火山岩や水中火砕流、貫入岩、半深成岩などバラエティーに富む岩石をたどり、移り変わる大地の変化を確かめましょう。

また小金湯付近から、サッポロカイギュウの化石が発掘されました。1,500万〜500万年前の海の広がる古環境を想像してみましょう。時代をさかのぼりながら、定山渓付近では石英斑岩、グリーンタフ層、1億5千万年前の岩石を見ることができます。

**3−①定山渓温泉付近**
1千万年前、地下深部で形成された石英斑岩と、その割れ目から温泉が湧出

**2−④百松沢林道**
深い海での火山活動

**3−②薄別橋付近**
札幌近郊最古の1億5千万年前の岩石

### キーワードで探ろう

薄別層、温泉、火砕流、河岸段丘、グリーンタフ層、古豊平川、サッポロカイギュウ、札幌軟石、支笏火砕流堆積物、褶曲、石英斑岩、平岸面、段丘礫層、柱状節理、低位段丘面、デイサイト、砥山層群、豊羽鉱山、西野層、ハイアロクラスタイト、非溶結、溶結、隆起構造

口絵 v

## 悠久の時間をさかのぼり、サッポロカイギュウと古定山渓島を訪ねる

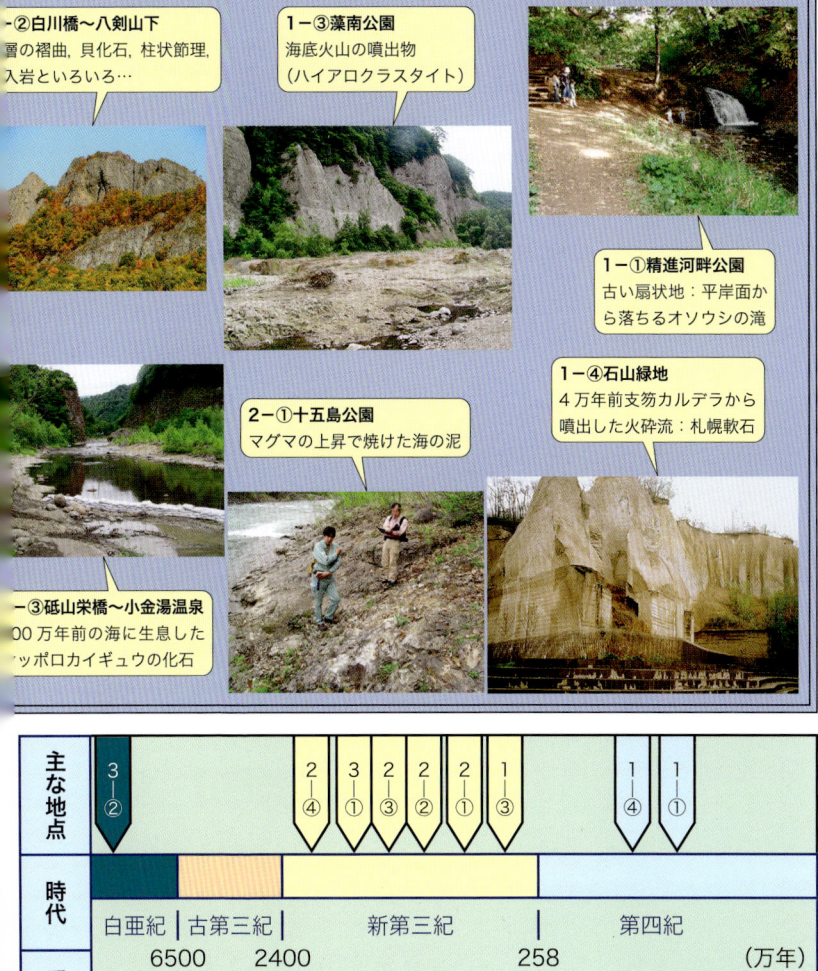

# 第Ⅲ章　当別川沿い，道民の森方面へ

## この章のねらい

石狩丘陵南部と当別川の中流域を進む本コースでは，石狩平野の生い立ちを近年から1億5千万年前までたどることができます。

また，この地域は地下の構造運動が活発で，石狩丘陵南部が隆起するのに対して，当別川流域は沈降部となっています。

石狩丘陵南部では新生代末期の地層が広く分布し，貝化石・段丘・不整合・活褶曲などの各種の地質現象が観察できます。

一方，当別川中流域では，南北方向に延びる活断層が見つかり，その影響で生まれた地形や，ファンデルタ，半ドーム構造，活褶曲，撓曲など，さまざまなタイプの地形やダイナミックな地盤の構造運動に触れることができます。

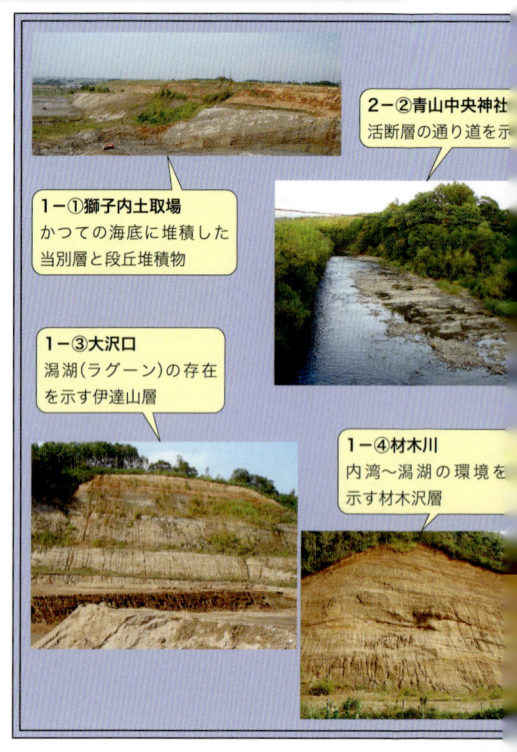

1-①獅子内土取場
かつての海底に堆積した当別層と段丘堆積物

2-②青山中央神社
活断層の通り道を示す

1-③大沢口
潟湖（ラグーン）の存在を示す伊達山層

1-④材木川
内湾～潟湖の環境を示す材木沢層

## キーワードで探ろう

青山玄武岩，貝化石，活褶曲，隈根尻層群，高位段丘堆積物，向斜構造，構造谷，三角州，褶曲，潟湖（せきこ），扇状地，堆積シーケンス，段丘礫層，中位段丘堆積物，沖積層，泥炭層，撓曲（とうきょく），当別断層，背斜構造，半ドーム，氾濫原面，ファンデルタ，不整合，隆起丘

口絵 vii

# 活断層に関わるダイナミックな地殻変動と地形の変化を探る

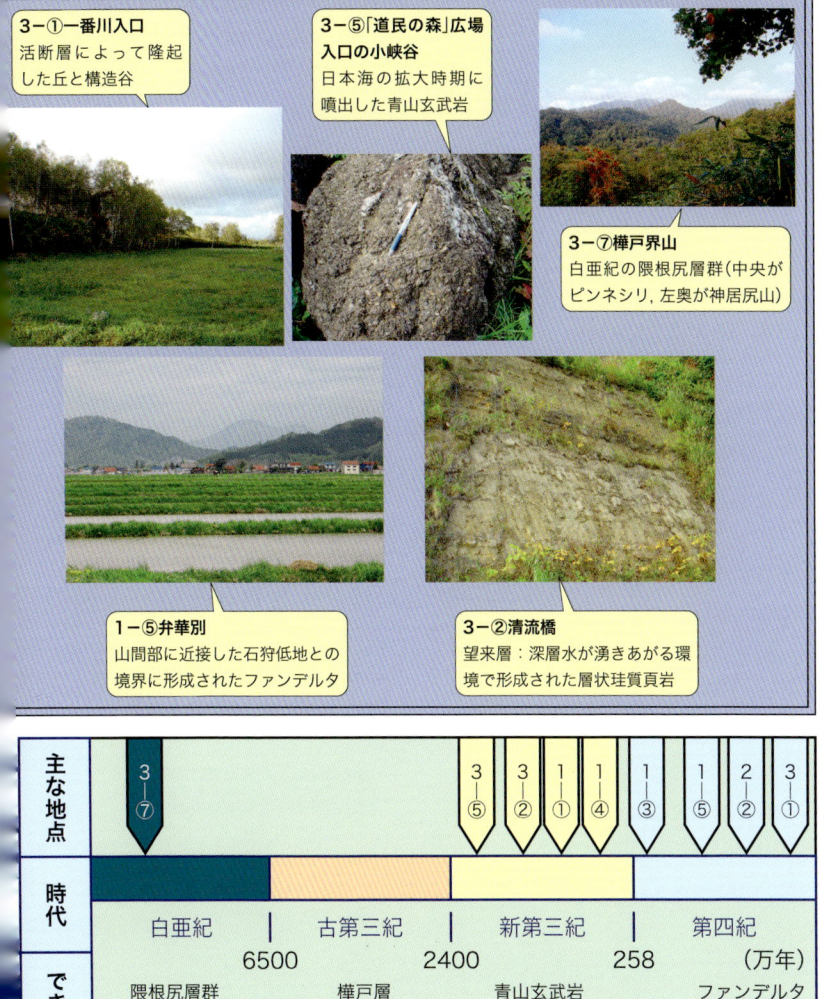

**3−①一番川入口**
活断層によって隆起した丘と構造谷

**3−⑤「道民の森」広場入口の小峡谷**
日本海の拡大時期に噴出した青山玄武岩

**3−⑦樺戸界山**
白亜紀の隈根尻層群(中央がピンネシリ, 左奥が神居尻山)

**1−⑤弁華別**
山間部に近接した石狩低地との境界に形成されたファンデルタ

**3−②清流橋**
望来層：深層水が湧きあがる環境で形成された層状珪質頁岩

| 主な地点 | 3-⑦ | | 3-⑤ | 3-② | 1-① | 1-④ | 1-③ | 1-⑤ | 2-② | 3-① |
|---|---|---|---|---|---|---|---|---|---|---|
| 時代 | 白亜紀 | 古第三紀 | | 新第三紀 | | 第四紀 | | | | |
| | | 6500 | 2400 | | 258 | | (万年) | | | |
| できごと | 隈根尻層群 | 樺戸層 | 青山玄武岩<br>当別層, 望来層 | ファンデルタ<br>褶曲活動<br>活断層 | | | | | | |

# 第Ⅳ章　藻岩山と手稲山

## この章のねらい

札幌市民に親しまれている身近な登山コースの多くは，新第三紀末から第四紀始めに活動した比較的古い火山からなります。

その時代，藻岩山付近ではそれまで海底火山が主であったのに対し，中心噴火型の陸上火山に変わりました。その後，長い期間にわたる侵食作用により，今日ではマグマの通り道や溶岩の断面など，火山体の内部構造が観察できます。

また手稲山では，アイヌの人々が「タンネウェンシリ」と呼んだ長い断崖のなぞにいどみ，大規模地すべり地形を観察しましょう。火山岩に含まれる鉱物を識別し，さまざまなマグマの噴出の形態を想像し，当時の壮大な火山ドラマに想いをはせましょう。

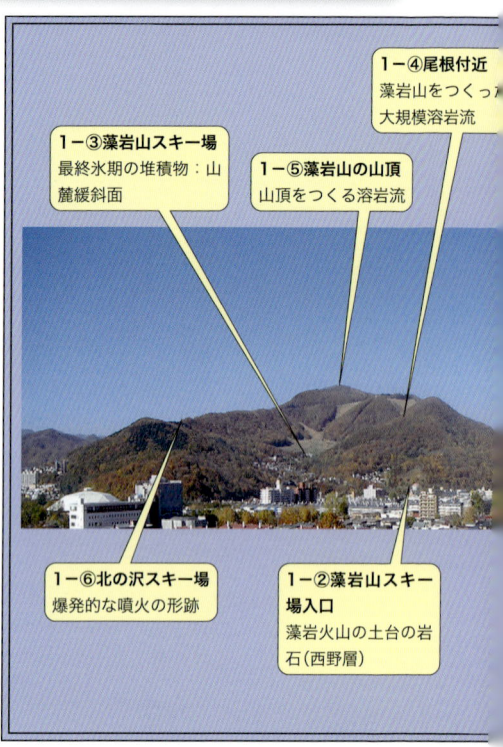

1-④尾根付近　藻岩山をつくった大規模溶岩流

1-③藻岩山スキー場　最終氷期の堆積物：山麓緩斜面

1-⑤藻岩山の山頂　山頂をつくる溶岩流

1-⑥北の沢スキー場　爆発的な噴火の形跡

1-②藻岩山スキー場入口　藻岩火山の土台の岩石(西野層)

## キーワードで探ろう

安山岩，珪酸，最終氷期，山体崩壊，周氷河地形，スコリア，柱状節理，デイサイト，ハイアロクラスタイト，板状節理，平坦溶岩，藻岩火山噴火史

口絵 ix

## 藻岩山の火山発達史と手稲山の山体崩壊を探る

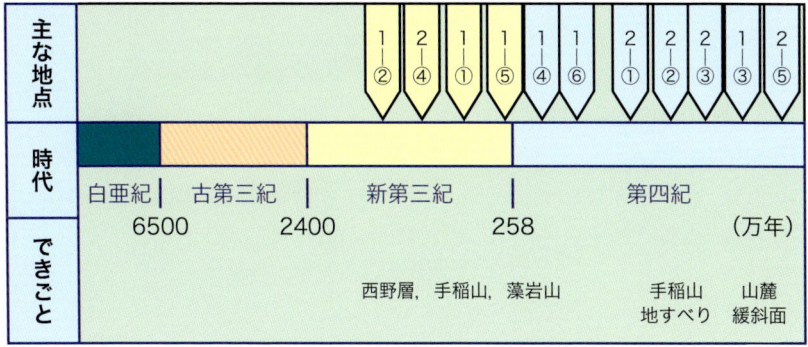

- 2-⑤ 手稲山の山頂　岩屑なだれ地形と山麓緩斜面を見おろす
- 2-④ 山頂に向かう車道　溶岩台地をつくった溶岩流
- 1-① 藻岩山「軍艦岬」　藻岩火山で最初に噴出した軍艦岬溶岩
- 2-③ ロープウェイ山麓駅　岩屑なだれ堆積物をおおう火山灰
- 2-② テイネオリンピア　山体崩壊で運ばれた溶岩
- 2-① 前田森林公園　岩屑なだれ地形を望む

| 主な地点 | 1-② | 2-④ | 1-① | 1-⑤ | 1-④ | 1-⑥ | 2-① | 2-② | 2-③ | 2-⑤ |
|---|---|---|---|---|---|---|---|---|---|---|

| 時代 | 白亜紀 | 古第三紀 | 新第三紀 | 第四紀 |
|---|---|---|---|---|
|  | 6500 | 2400 | 258 | (万年) |

できごと：西野層，手稲山，藻岩山　　手稲山地すべり　山麓緩斜面

# 第Ⅴ章 積丹半島へ

## この章のねらい

日本海にブロック状に突き出た積丹半島は，奇岩・美岩の展示場です。こうした岩々が，なぜ積丹に多いのでしょうか。

その理由は1,000万年ほど前にさかのぼります。かつて，海底にあったこの地域は，激しい火山活動に幾度となく見舞われ，押し出された熱い溶岩や噴出物が，水で急激に冷やされて枕状になったり，砕け散ったりし，海底ならではの環境下で，こうした岩々がつくられました。

美しい積丹半島の生い立ちの背景と自然の奥深さを，現地の岩々に触れながら，過去の海底噴火に想いをはせてみましょう。古くから開けたこの地には，過去の遺跡も多く残っています。

2-③積丹岬
日本の渚百選に選ばれた屏風岩：かつてのマグマ通り道が残ったもの

2-④神威岬
かつての海底に堆積した砂岩層

2-⑤興志内
海底火山のマグマ通り道

## キーワードで探ろう

温泉型金鉱床，海底火山，火道，環状列石，玄武岩，斜交葉理，重晶石，頂置層（トップセット・ベッド），前置層（フォアセット・ベッド），デイサイト，ハイアロクラスタイト，捕獲岩，流紋岩

口絵 xi

## 奇岩・美岩を訪ねながら，1,000万年前の海底火山に想いをはせる

# 第Ⅵ章　第四紀の火山

### この章のねらい

　道央に位置する代表的な観光地のほとんどは，火山およびカルデラ湖，そして温泉と深い関わりをもっています。

　これらの火山は，すべて第四紀のおよそ10万年前以降の活動によってできました。それぞれの火山活動の特徴とその多様性に触れ，火山の性質や活動様式を探りながら，活きた景観としてとらえてみましょう。

　また国際的に認定されたジオパークに足を運び，その中で数万年かけてつくられてきたカルデラ湖や火山の恩恵である温泉などの観光資源，環境保護の問題を，大地の長い歴史を認識しながら，どのような付き合い方が大切なのかを確かめてみましょう。

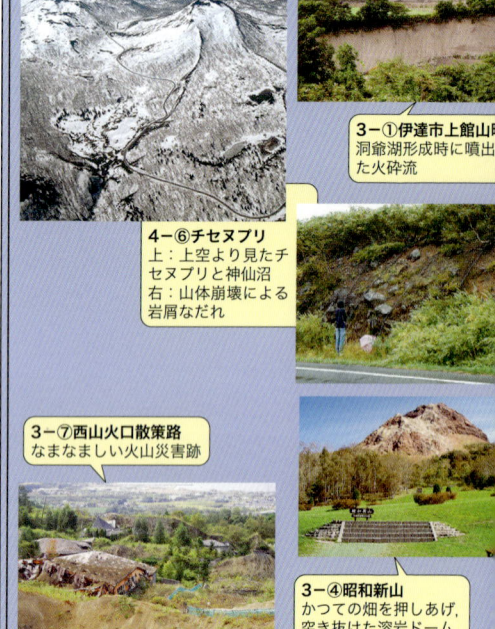

3-①伊達市上館山町
洞爺湖形成時に噴出した火砕流

4-⑥チセヌプリ
上：上空より見たチセヌプリと神仙沼
右：山体崩壊による岩屑なだれ

3-⑦西山火口散策路
なまなましい火山災害跡

3-④昭和新山
かつての畑を押しあげ，突き抜けた溶岩ドーム

### キーワードで探ろう

火砕流，火山弾，カルデラ，岩屑なだれ，後カルデラ火山，サージ堆積物，水蒸気爆発，スコリア，成層火山，潜在ドーム，地溝帯，中央火口丘，流れ山，熱水活動，爆裂火口，マグマ水蒸気爆発，ミマツダイアグラム，溶岩ドーム，溶結凝灰岩

口絵 xiii

## 火山活動の多様性をとらえ，自然の恩恵と災害を知り，付き合い方を探る

2-①，②大湯沼と日和山
マグマが地下より上昇してできた爆裂火口と潜在ドーム

1-②オコタンペ湖
恵庭岳の溶岩流の堰き止めによってできた滝

1-④モーラップキャンプ場
樽前山大噴火による火砕流

1-⑤樽前山頂火口東縁
1909年形成の溶岩ドーム

1-⑥唐沢源頭
火口近くの噴出物

1-⑦西山
17，18世紀の噴出物

2-③地獄谷
爆裂火口の重なり

| 主な地点 | | | | 3-① | 4-⑥ | 1-② | 1-⑦ | 1-④ | 1-⑥ | 2-①② | 1-⑤ | 3-④ | 2-③ | 3-⑦ |
|---|---|---|---|---|---|---|---|---|---|---|---|---|---|---|
| 時代 | 白亜紀 | 古第三紀 | 新第三紀 | 第四紀 | | | | | | | | | | |
| できごと | 6500 | 2400 | 258 10 | | 1 | | | | | 0.03 | | | (万年) | |

洞爺湖の形成
支笏湖の形成　　　　有珠山噴火
恵庭岳，樽前山　　　昭和新山

# 第Ⅶ章　夕張岳へ

### この章のねらい

　札幌の東部には，野幌丘陵，馬追丘陵，さらに夕張山地と，丘陵地や山地が南北に長く延び，しかも次第に高くなりながら平行に並んでいます。

　こうした地形は，地殻のしわ寄せ（褶曲）や断層，地層に刻まれた縞々模様などの情報や，動植物の化石の解析を通して，大規模な地殻の構造運動があったことを物語っています。それを読み解き，大地の変動ドラマの秘密を解き明かしていきましょう。

　また夕張山地では夕張を中心に，かつては地下からたくさんの石炭を採掘していました。はるか大昔に繁茂した大森林が，地中に埋もれて石炭へと変化していったことと，南北性をもつ丘陵地・山地との間にはどのような関係があるのかを解明しましょう。

1-②いずみ学園付近
馬追丘陵の上昇に関する活断層

2-②草木舞沢
川端層とかつての水流方向のあと

### キーワードで探ろう

安山岩，泉郷断層，岩見沢層，恵庭 a 火山灰，追分層，火山角礫岩，活断層，軽石質凝灰岩，川端層，逆断層，凝灰角礫岩，スランプ堆積物，石炭，段丘面，長沼断層，背斜，微化石，メランジュ，油徴

# 夕張山地や馬追丘陵の形成と石炭のなぞに迫る

4-③憩沢から夕張岳山頂まで
蛇紋岩が侵食され硬い変成岩が突起として残った

2-①千鳥ヶ滝
海底で堆積した砂と泥の層が、ほぼ垂直に立った川端層

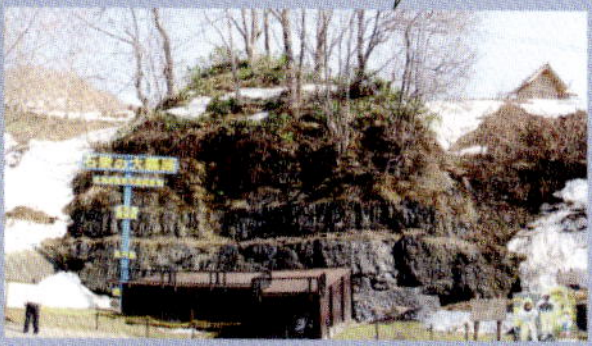

3-①石炭の歴史村
24尺石炭層の大露頭　大森林の繁茂とその遺骸を堆積させる沈降地帯であったことを示す

2-③岩見沢市朝日
川端層の礫岩は北見山地からやってきたのでしょうか？

2-④夕張市紅葉山付近
スランプ堆積物から、北海道中央部の大変動を想起させる

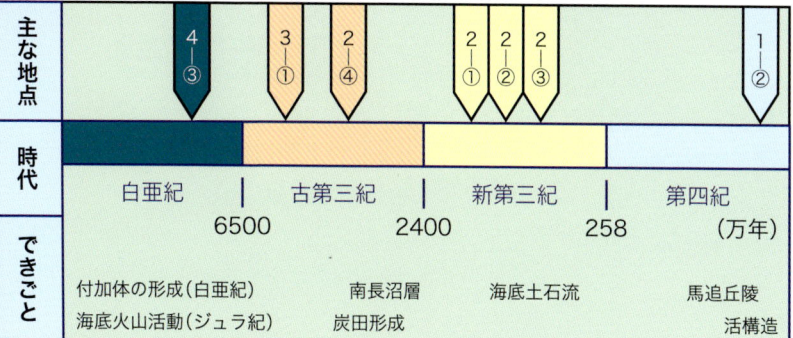

| 主な地点 | 4-③ | 3-① | 2-④ | 2-① | 2-② | 2-③ | 1-② |
|---|---|---|---|---|---|---|---|
| 時代 | 白亜紀 | | 古第三紀 | | 新第三紀 | | 第四紀 |
| | | 6500 | | 2400 | | 258 | （万年） |
| できごと | 付加体の形成（白亜紀）<br>海底火山活動（ジュラ紀） | | 南長沼層<br>炭田形成 | | 海底土石流 | | 馬追丘陵<br>活構造 |

# 第Ⅷ章　日高山脈へ

### この章のねらい

　北海道の背骨，日高山脈は，いつ，どのような過程を経て今日のすがたに至ったのでしょうか。その形成ドラマが，このコースには数多く隠されています。

　ユーラシアプレートと北米プレートの衝突によってできた日高山脈の壮大な歴史の1コマ1コマを，足下に転がる石や，地層に埋まる太古の化石，そして日高山脈に今も残る氷河時代の名残りの地形を通して，はるかなるその生い立ちを探っていきましょう。

　南北に細長く延びた標高2,000 mに近い日高山脈の誕生が，その西側に南北に連なる夕張山地や馬追丘陵，さらにその西側に広がる石狩平野の誕生に深く関わっていることがわかるでしょう。

1-①シュッタの沢
クビナガリュウ時代のノジュール：団塊

1-②富内イギリス海岸
白亜紀の砂浜（左上）
斜交葉理（左下）と生物の生痕化石（右上）

2-④岩内岳採石場
地球内部の岩石の窓：かんらん岩

### キーワードで探ろう

アンモナイト，イドンナップ帯，オフィオライト，カール，クビナガリュウ，クロム鉄鉱，結晶片岩，高圧変成岩，蛇紋岩，タービダイト，チタン鉄鉱石，ノジュール，付加体，メランジュ，モレーン，緑色片岩，U字谷

口絵 xvii

## 北海道の背骨・日高山脈の形成のなぞに迫り，氷期の証拠をたどる

3-①パンケヌーシ林道
日高変成帯の斑れい岩の崖（鉱物の伸張・圧縮・再結晶）

-③岩知志発電所
億年前の海底火による枕状溶岩

コラム：幌尻岳と七つ沼カール
カール地形：氷河の証拠を示す

1-③坊主山
蛇紋岩の礫でできた
―大崩れ―

2-②沙流川とニセウ川の合流点
2000万年前の貝化石

| 主な地点 | 2-③ 2-④ 1-① 1-② | 3-① | | 2-② 1-③ | コラム |
|---|---|---|---|---|---|
| 時代 | 白亜紀 | 古第三紀 | 新第三紀 | | 第四紀 |
| | | 6500 | 2400 | 258 | （万年） |
| できごと | 枕状溶岩 イギリス海岸,<br>クビナガリュウ | | デスモスチルス<br>坊主山 | | 氷河，カール<br>モレーン |

# 第Ⅸ章　えりも岬へ

## この章のねらい

　はるか南洋よりプレートにのせられて運ばれてきた岩石が，押しつぶされてできたメランジュや，地下深いマントルを構成するかんらん岩，長く変形した花崗岩礫など，日高山脈の形成にともない，生み出されてきた数々のめずらしい岩石や鉱物に触れてみましょう。

　このコースには古い時代の地下深部の出来事だけでなく，火山灰，泥火山，津波堆積物など，つい「先ごろ」の地表の出来事も数々発見できます。

　新旧入り交じった自然現象が，今日の世界には混在し，日常的光景を構成しています。「永い時間の目」をもつことによって，自然の本当のすがたを理解することができるでしょう。

1−② 美沢の頭と火山灰
数万年前の火山活動：支笏第一降下軽石，恵庭a降下軽石

2−① 苫小牧港東港海岸へ
津波による堆積物

2−② むかわ町汐見の露頭
津波による堆積物

3−② 判官岬
後期中新世のファンデルタ

## キーワードで探ろう

角閃石，かんらん岩，グラニュライト，黒雲母，玄武岩，斜長石，蛇紋岩，石灰岩，タービダイト，チャート，津波堆積物，泥火山，ファンデルタ，斑れい岩，付加体，普通輝石，ホルンフェルス，枕状溶岩，メランジュ

口絵 xix

## 時間と空間を超え，織りなす大地の歴史を探る

6-④「馬の背」
マントルの母材である，かんらん岩の山々

7-②歌露
強い力で伸びて変形した礫岩

-③岩場の露頭
れい岩とかんらん岩の露頭

4-②蓬莱山
ガーネットも含まれている角閃岩の山

7-①襟裳岬
岬先端の礫岩層

3-③東静内
"鬼の洗濯板"

| 主な地点 | 6-③ 6-④ 4-② | | 7-① 7-② | | 3-③ 3-② | | 1-② 2-① 2-② |
|---|---|---|---|---|---|---|---|
| 時代 | 白亜紀 | | 古第三紀 | | 新第三紀 | | 第四紀 |
| | | 6500 | | 2400 | | 258 | （万年） |
| できごと | かんらん岩の山々 | | | ファンデルタ | | | 恵庭 a 降下軽石 |
| | イドンナップ帯のチャート | | 伸びた礫岩 | | 鬼の洗濯板 | | 津波堆積物 |

# 札幌の自然を歩く[第3版]地史年表

| 地質時代 | | 年代(万年前) | できごと | 章・節 | X章 | 他地域 |
|---|---|---|---|---|---|---|
| 第四紀 | 完新世 | 0.6 | 樽前，有珠山の噴火<br>登別地域の火山噴火<br>紅葉山砂丘　　活断層の活動 | 《IX章1》<br>《VI章2》<br>《I章1》 | 図12 | 縄文海進 |
| 第四紀 | 更新世 | 1<br>4<br>10<br>12<br>21.5<br>78 | 恵庭岳，風不死岳の噴火<br>カール，モレーン<br>支笏大噴火/火砕流<br>石狩大湿原<br>石狩海峡　　洞爺大噴火/火砕流<br>石狩海峡　野幌丘陵の隆起<br>裏の沢層/<br>材木沢層の堆積 | 《VI章1》<br>《VIII章C》<br>《II章1》<br>《VI章3》<br>《III章1》 | 図11<br>図10<br>図9<br>図8<br>図7<br>図6<br>図5<br>図4 | アジア大陸と陸続き<br>道南巨大噴火の開始 |
| 新生代 | 新第三紀 鮮新世 | 258<br>280<br>300<br>520 | 藻岩火山<br>西野層の堆積/陸域の<br>カルデラ・<br>火砕流台地　手稲火山 | 日高山脈の上昇逆断層/地殻深部のめくりあがり | 《IV章1》<br>《II章1》<br>《IX章3》 | 図3 | 寒冷化<br>日本海東縁部で東西圧縮 |
| 新生代 | 新第三紀 中新世 | 600<br>800<br>1000<br>1100<br>1500 | 火山活動が活発化<br>ハイアロクラスタイト<br>サッポロカイギュウ<br>小樽赤岩岩脈<br>定山渓石英斑岩<br>積丹割れ目噴火<br>定山渓層群<br>青山玄武岩 | 川端層・滝の上層の堆積/石狩トラフ | 《V章2》<br>《II章1》<br>《IX章3》<br>《V章1》<br>《II章3》<br>《V章2》<br>《VII章2》<br>《II章3》<br>《VII章1》<br>《III章3》 | 図2<br>図1 | 千島弧の西進，火山活動<br>太平洋プレート斜め沈み込み<br>ユーラシアプレートとオホーツクプレートの斜め衝突<br>日本海/オホーツク海の拡大 |
| 新生代 | 古第三紀 | 2330<br>6500 | 襟裳層の堆積<br>南長沼層<br>紅葉山層<br>石狩層群<br>/樺戸層 | 付加帯の形成 | 《IX章7》<br>《VI章1～3》<br>《IX章5》 | | 古日高山脈の侵食 |
| 中・古生代 | | 3億～1.5億 | 白亜紀の海<br>薄別層，隈根尻層群 | 角閃岩<br>かんらん岩 | 《VIII章1》<br>《IX章4》<br>《II章1》 | | アンモナイト，イノセラムス<br>石灰岩，チャート，緑色岩 |

# 序にかえて

　札幌の地質を見るとき，その生い立ちはアジア大陸の東の縁から千島列島やオホーツク海を視野に入れないと理解できません。そればかりではなく，北海道の土台は1億5,000万年前の赤道付近の海台に由来すると考えられています。つまり，地球規模の広がりのなかで，数千万年，数億年の時間をさかのぼって探索して，初めてその成り立ちの理解にたどりつくことができるのです。

　現在のような，太平洋プレートが北海道に向かって沈み込むシステムは，今から1,500万年ほど前につくられ，断層や褶曲などの地殻変動をもたらし，さまざまな火山岩や地層を形成してきました。

　このようにしてできた大地の骨組みのなかで，地殻変動を含めた地質プロセスは現在も引き続いて進行しています。その現れとして火山噴火や地震・津波，地すべり・土石流といった災害に連なる現象が起こっているのです。それらは数十年・数百年・数万年ごとに繰り返す性質をもっており，このような自然災害を予測するためには，より正確に地質現象のヒストリーを把握することが必要な時代となっています。

　本書では，札幌の地質を理解するために，東は日高山脈・えりも岬から西は積丹半島・ニセコ連山，南は洞爺湖・登別，北は当別の道民の森まで，ご案内いたします。このなかには，地球規模の変動の歴史が刻み込まれているだけでなく，現在も進行している地質プロセスが示されています。

　それらの観察を通して，さまざまな現象の理解を深め，地球規模の認識・ヒストリーの把握，さらには未来に起こり得ることへのイメージを掴んでいただければ幸いです。

　　2011年3月25日

　　　　　　　　　　　　　　　　　　　　　　　　宮坂省吾

# この本をお読みになる前に

　札幌の大地の生い立ちは，地球の深部から上昇してきた日高山脈を無視して考えることはできません。藻岩山の生い立ちは，積丹半島や札幌西部山地をつくった火山活動を考慮して初めて理解できます。もっと時代をさかのぼると，道民の森や定山渓で見られる古い時代の，北海道の土台となった地質を除いて考えることはできないのです。

　このような，一見無関係で，はるか彼方と思われる地域の地質と札幌の地形や地質が，地質形成史という大きな枠組みのなかで相互に関連していることが，本書を通して理解していただけるでしょう。

　藻岩山の山頂に登ると，なぜ景色が開け見晴らしが良いのでしょうか。札幌ドームのある月寒丘陵がなぜ南北に延びて高くなっているのでしょうか。道庁の赤レンガやビール工場が，明治の開拓時代に，なぜ現在の場所に建設されたのでしょうか。

　そうした疑問に，本書では直接的な解答を示してはいません。しかし，この札幌の大地の生い立ちを歴史的に探ることを通して，それらの手がかりが得られることでしょう。

　本書で扱う範囲は東西 200 km 南北 150 km に及び，全部で 9 コースとなっています。各章のコースとねらいは，次頁に示します。

　そこで，冒頭口絵の「各章の案内」に，章のねらいやポイント（写真）を示しました。そして，観察対象がいつの時代のできごとなのか一目でわかるように時代区分表をつけています。

　これらを参考に検討して，読者のみなさまにあった観察コースを設定していただきたいと思います。

―各章のコースとねらい―

Ⅰ章「札幌中心部から石狩湾へ」：平地と河川・海との関わり，人間による自然の改変を訪ねる。

Ⅱ章「豊平川の上流へ」：悠久の時間をさかのぼり，サッポロカイギュウと古定山渓島を訪ねる。

Ⅲ章「当別川沿い，道民の森方面へ」：活断層に関わるダイナミックな地殻変動と地形の変化を探る。

Ⅳ章「藻岩山と手稲山」：藻岩山の火山発達史と手稲山の山体崩壊を探る。

Ⅴ章「積丹半島へ」：奇岩・美岩を訪ねながら，1,000万年前の海底火山に想いをはせる。

Ⅵ章「第四紀の火山」：火山活動の多様性をとらえ，自然の恩恵と災害を知り，付合い方を探る。

Ⅶ章「夕張岳へ」：夕張山地や馬追丘陵の形成と石炭のなぞに迫る。

Ⅷ章「日高山脈へ」：北海道の背骨・日高山脈形成のなぞに迫り，氷期の証拠をたどる。

Ⅸ章「えりも岬へ」：時間と空間を超え，織りなす大地の歴史を探る。

Ⅹ章「札幌周辺の地史」

　裏見返しには，地域区分と地質時代区分がわかるよう地史年表を付してあります。これに加えて「各章の案内」や「見どころ」を参照して，広い空間と長大な時間の流れを立体的に把握し，さらにⅩ章の解説図を参考に地質形成史のイメージを膨らませながら，お読みいただけると幸いです。

(田中　実)

# 地質見学のために

野外(フィールド)で，地質や地形を見て歩くときには，次のようなことに気をつけてください。

- ◆見学コースは自動車利用を基本としています。安全運転に留意し，林道などでの駐車では迷惑をかけないよう注意して下さい。
- ◆露頭付近の住人へは必ず挨拶をして，立入許可をお願いしましょう。
- ◆危険個所を含むコースでは，複数での見学として下さい。また，携帯電話などを持参し，非常時の連絡に工夫しましょう。
- ◆落石に気をつけ，ヘルメット着用を心がけて下さい。打ち割った岩石を道路上に散らかしたままにしないようにしましょう。
- ◆作業がしやすいように，また，気候の変化に対応できるよう，服装(靴・雨具・防寒具)に気をつけましょう。
- ◆地図・方位磁石は必ず持ち，その使い方に慣れるようにして下さい。
- ◆岩石の観察にはハンマー，火山灰・土壌などの観察には移植ゴテ・ネジリ鎌が便利です。
- ◆採集した化石や岩石を包むためには，新聞紙が有効です。
- ◆見学するときの持ち物は，地図(5万分の1か2万5千分の1地形図)，小形のリュックサック，雨具，磁石またはクリノメーター，ハンマー(かなづち)と移植ゴテ，ネジリ鎌，ルーペ(虫めがね)，たがね，スコップ，巻尺，野帳，筆記具，カメラ，双眼鏡，サンプル袋，新聞紙，油性ペン，などがあります。

おにぎりと飲み物を確認し，この本を持って，さあ，地質観察にでかけましょう！

# 地質図・地形図・参考図書

◆2万5千分の1地形図は，紀伊國屋書店(011-231-2131)，三省堂書店(011-209-5600)などで購入できます。ほかの販売所については，(財)日本地図センターのホームページから検索して下さい。
http://www.jmc.or.jp/sale/chizuhanbai.html

◆5万分の1地質図幅は，産業技術総合研究所地質調査総合センター「地質図カタログ」で，数値地質図(CD-ROM)を注文できます。
http://www.gsj.jp/Map/index.html
　　20万分の1数値地質図幅集「北海道北部」(DGM G20-1)
　　20万分の1数値地質図幅集「北海道南部」(DGM G20-2)
なお，地質図幅のみで説明書は付属していません。

◆北海道立総合研究機構地質研究所の図書室では，「5万分の1地質図幅」などの閲覧・貸し出しサービスをしています。また，一部の地質図幅と説明書のダウンロードができます。
問合せ先　〒060-0819 札幌市北区北19条西12丁目　TEL：011-747-2431　http://www.gsh.hro.or.jp/geology_map/index.html

本書は以下の書籍に準じて地質・地形・地名を記述しました。

◆日本地方地質誌1北海道地方. 日本地質学会編集. 朝倉書店. 2010.
◆日本の地形2北海道. 小疇　尚ほか編集. 東京大学出版会. 2003.
◆角川地名大辞典　1　北海道. 角川書店. 1987.
◆北海道地名誌. NHK北海道本部. 北海教育評論社. 1975.
◆北海道の地名. 山田秀三. 北海道新聞社. 1984.
◆札幌市大型動物化石総合調査報告書. 札幌市博物館活動センター. 札幌市. 2007.

# 目　次

口絵　ii

地史年表　xx

序にかえて　xxi

この本をお読みになる前に　xxiii

地質見学のために　xxv

地質図・地形図・参考図書　xxvi

I　札幌中心部から石狩湾へ ……………………………1

　1　札幌中心部から石狩砂丘へ　2

　2　望来海岸へ　10

　　◘ビーチコーミング　17

　　◘貝および貝化石　19

II　豊平川の上流へ ……………………………21

　1　中の島から石山へ　22

　2　十五島公園から百松沢方面へ　34

　　◘サッポロカイギュウ　48

　3　定山渓温泉周辺　50

　　◘豊羽鉱山　56

III　当別川沿い，道民の森方面へ ……………………………57

　1　太美から弁華別　58

　2　当別ダムから青山中央へ　66

　3　一番川沿いに道民の森へ　72

## IV 藻岩山と手稲山 …………………………………79

1 藻岩山 80
◆藻岩火山をつくった噴火史 86
◆藻岩山の森林と植物 88

2 手稲山 90

## V 積丹半島へ …………………………………97

1 小樽から忍路海岸へ 98
◆積丹半島の遺跡 106

2 積丹半島を巡る 108
◆積丹半島と黎明期の地質調査 118
◆岩盤斜面の崩壊（豊浜トンネル） 120

## VI 第四紀の火山 …………………………………123

1 恵庭岳と樽前山（支笏火山） 124
2 登別 132
3 有珠山と昭和新山（洞爺火山） 136
4 羊蹄山とニセコ 146

## VII 夕張岳へ …………………………………153

1 馬追丘陵 154
2 川端から紅葉山へ 160
3 夕張を歩く 170
◆石炭博物館 174

4 夕張岳へ 178
◆白亜紀の植物化石 183

## VIII 日高山脈へ …………………………………187

1 鵡川をさかのぼる 188
2 沙流川をさかのぼる 194

3　パンケヌーシ川・日勝峠へ　200
　　　◆地質百選：幌尻岳と七つ沼カール　206
　　　◆白亜紀の化石：むかわ町立穂別博物館　208
　　　◆日高山脈館　213

Ⅸ　えりも岬へ ……………………………………………215

　1　美々からウトナイ湖へ　216
　2　苫小牧から鵡川にかけて　226
　3　日高沿岸地域の新第三紀ファンデルタ　230
　　　◆新冠泥火山　236
　4　三石蓬莱山　238
　5　幌別川に沿って　244
　6　幌満かんらん岩　250
　　　◆様似町役場前庭のかんらん岩広場　258
　7　えりも岬の古第三紀礫岩　260
　　　◆黄金道路と岩盤崩壊　264
　　　◆地質百選とジオパーク　266

Ⅹ　札幌周辺の地史 ………………………………………269

　あとがき　279
　さくいん　283

# I 札幌中心部から石狩湾へ

望来海岸台地から見た石狩湾と海岸段丘。海食崖は600万〜1,000万年前の海底に堆積した望来層がつくる。遠景の正面右側は手稲山(田中　実撮影)

# 1　札幌中心部から石狩砂丘へ

見どころ　　札幌市街の中心に位置する北海道大学から，豊平川沿いにモエレ沼公園へ向かい，さらに石狩川沿いにあいの里から石狩本町へ向かいます。このコースでは，豊平川扇状地の末端部に始まり，内陸低地から石狩湾岸まで地形の観察をメインとします。石狩市では，温暖期の縄文海進をピークに，その後6,000年間の地史をたどります。

札幌の中心部とその北部一帯の地形は，札幌北部低地，紅葉山砂丘，花畔低地および海岸砂丘・砂堤列・海浜より構成されており，それぞれの観察地点ではこれらの地形の特徴と関連する泥炭・砂・泥などの堆積物を観察しましょう。

地形図　　5万分の1「札幌」・「石狩」
2.5万分の1「札幌」・「札幌北部」・「札幌東北部」・「太美」・「石狩」・「望来」

交　通　　コース全体を連続的にたどるには車がもっとも便利です。各地点にはバスなどの便があります。北海道大学キャンパスへはJR札幌駅または地下鉄北12条駅で下車，徒歩200〜500 m。モエレ沼公園へは地下鉄環

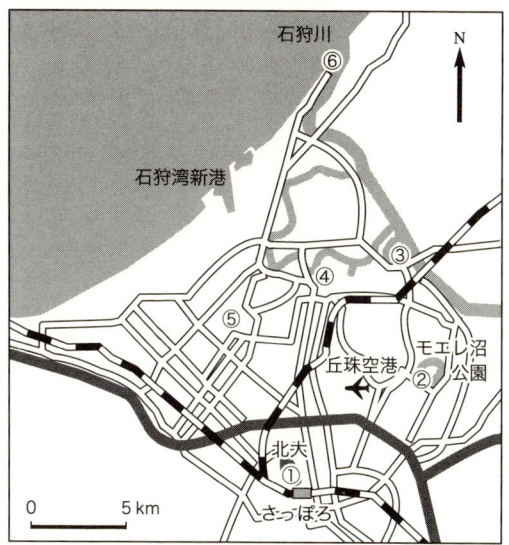

**図1** 札幌中心部から石狩砂丘への案内図

　　　　状通東駅(東豊線)・麻生駅(南北線)よりバスの便。札幌大橋へはJR学園都市線のあいの里公園駅で下車し徒歩1.5 km。茨戸カントリークラブへは麻生駅よりバス[麻8]利用で，緑苑台入口で下車し，徒歩500 m。紅南小学校へは麻生駅よりバス[麻17]。はまなすの丘公園には札幌中央バスターミナルより石狩行きバスで，終点にて下車。徒歩約1.5 km。

コース　　札幌駅北口―(0.5 km)→①北海道大学構内―(10 km)→②モエレ沼公園―(5.5 km)→③札幌大橋―(3.5 km)→④茨戸カントリークラブ場―(8 km)→⑤紅南小学校―(14 km)→⑥はまなすの丘公園

**図2** 北大の中央ローンを流れるサクシュコトニ川

## ①扇状地湧水が起源のサクシュコトニ川(北海道大学構内)

　北海道大学構内にはクラーク像の東側から図書館横,工学部南側の池付近を通り第一農場の東縁を北西へ向かう小川があります。これがサクシュコトニ川です(図2)。もともとは豊平川扇状地に網状に広がった水系の一部で,円山付近から流れる琴似川に合流し,北区屯田方面へ流れていました。メムと呼ばれた扇状地末端(扇端)の湧水‐植物園・道庁付近‐を起源としていて,かつてはサケの遡上も見られました。川の周辺にはアイヌの人たちの集落も存在し,その一部は高等教育機能開発総合センター西側の森に遺跡保存庭園として残されています。

　この川は現在,人工的に水が補給され流れがつくられていますが,地下水の汲みあげがほとんどなかった昔は,全体に水位が高く,地震の際には液状化が発生しやすかったと思われます。実際に,周辺の環境科学院,エルムトンネルおよび第二農場北端(馬術部建物)などの敷地では,震度5強以上の地震が発生した際に出現するとされる液状化の跡が,遺跡発掘調査にともなって発見されています。

図3 廃棄物を積みあげてつくられたモエレ山(標高62 m)

**②モエレ沼公園**——土地の人工改変と環境問題

　モエレ沼は古い蛇行河川の一部で、その形状から馬蹄湖と呼ばれています。沼に囲まれた所は札幌市の不燃ゴミや焼却残灰270万トンの埋立地として利用されていましたが、1982年から「札幌市環状グリーンベルト構想」の拠点として整備が進み、2005年に周囲の沼とともに公園としてオープンしました。公園全体がひとつの野外彫刻作品のようになっており、そのマスタープランは世界的彫刻家イサム・ノグチによります。公園のシンボルともいえる標高62 mのモエレ山は、大量の廃棄物を積みあげてつくられたものなのです(図3)。

　この山頂から札幌北東部の低地の地形と、その人工的改変の様子を眺めることができます。東側には泥炭地が広がり、そのなかを北へ突き抜けるように人工河川の豊平川下流部が流れています。

　西側にはモエレ沼につながる雁来新川 - 篠路新川、さらにその奥に伏籠川を眺めることができます。伏籠川は、白石区東米里～江別市角山を流れていた旧豊平川より、さらに古い時代の豊平川の一部で、近年までは蛇行した川と川沿いの微高地(自然堤防)とが残されていました。現在では排水河川としてほぼ直線化されてしまいましたが、屈

6　I　札幌中心部から石狩湾へ

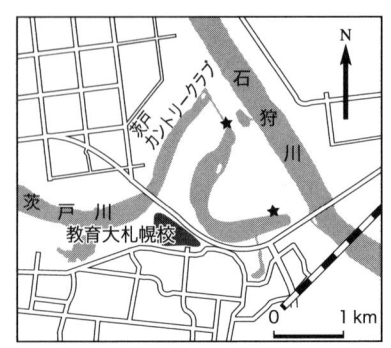

**図4**　岸で見られる地震による液状化跡地点(★印は砂脈)

曲した緑地と旧道の存在にその名残りがあります。

### ③札幌大橋西側の河跡湖——地震による液状化跡がある希少地点

　北区あいの里の北海道教育大学札幌校の北東側，札幌市と当別町の境界に三ケ月形をした河跡湖(かせきこ)があります(図4)。これは石狩川の直線化工事で切り離されたもので，もともとは石狩川の一部でした。今では茨戸川と呼ばれており，その北岸側(当別町飛地)の高さ3m前後の川縁には，砂質の泥を主体とした縞状の河川堆積物が存在します。その堆積物の上部には1739年に噴出した樽前(たるまえ)a降下軽石(Ta-a)がはさまれています。

　地震の際の液状化によって，底面から上へ延びた砂脈がこの火山灰の直下で消滅したり，まれにそれを突き抜けたりする様子を観察することができます。このような露頭(ろとう)は河跡湖の北端にもありました。砂を噴出した元の地層は地下にあり，見ることはできませんが，江戸時代末期の1834年に発生した石狩地震によって液状化が発生したものではないかと考えられています。

### ④茨戸カントリークラブ付近——断片化した紅葉山砂丘

　石狩市生振(おやふる)地区は茨戸川と石狩川に囲まれた川中島になっており，

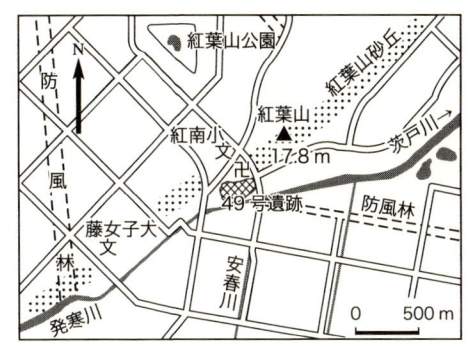

**図5** 紅葉山砂丘と石狩紅葉山49号遺跡

　その南東部には北東‐南西に2本のやや高い地形が延びています。標高10 mほどの小丘は，道路の切割，砂採取，ゴルフ場，墓園などの利用で人工改変が進んでいます。茨戸カントリークラブの南端部の露頭では，粒のそろった細かな砂による縞模様(斜層理)が認められ，風成作用による砂丘の様子を観察することができます。この砂丘は現在の海岸よりも内陸に5 km付近に発達していますが，6,000年前にピークを迎えた縄文海進の際に生じた砂州が砂丘に変化したものと考えられています。

　砂丘堆積物の上部には古い埋没土壌が認められ，かつて植物が繁茂し砂丘が一時的に固定化されたこともうかがえます。この砂丘列は紅葉山砂丘の一部に位置づけられ，石狩川対岸の美登位にも存在しています。なお，2列の砂丘は本来，一体のものであったと推定されますが，このような姿になった要因として旧石狩川の蛇行変動による侵食が考えられます。

**⑤紅南小学校**――縄文時代のサケ捕獲場(石狩紅葉山49号遺跡)

　この遺跡は石狩市花川北一条にある紅南小学校の南東側に位置します(図5)。広さは2万 m²あり，地形的には紅葉山砂丘から発寒川氾

**図6** 縄文人がサケの捕獲に使用したヤナ
（石狩紅葉山49号遺跡：石狩市教育委員会提供）

濫原の移行部にあたります。宅地造成と市街地化にともなう，総合治水対策の一環として遊水池計画がもちあがり，1995〜2002年に発掘調査が行われました。発掘された土器などの様式の変遷から，縄文海進ピーク後の砂丘形成とともに始まった人間の活動が解明されています。とくに，4,000〜4,400年前ごろの層からは，木杭とともにスダレ状に組まれた木柵が多数出土し，発寒川を横断するようにしかけられたサケ捕獲場のすがたがよみがえっています（図6）。なお，4,000年前というと，海岸線は紅葉山砂丘の西側（本遺跡より3km海側）にあり，石狩川を経由してサケがのぼってきていたのでしょう。採取された遺物総数は9万点を超えるもので，その一部はいしかり砂丘の風資料館（石狩市弁天町30-4，電話：0133-62-3711）に展示されています。

**⑥石狩川河口はまなすの丘公園**——生きている砂丘と漂着物

　石狩川河口の石狩本町こそ，石狩市のみならず札幌圏の発祥の地といえます。ここは日本海と石狩川をつなぐ水運の要として，江戸時代には交易のための石狩場所が置かれていました。その本町から1kmあまり河口よりには赤白ツートンカラーの石狩灯台（図7）があり，付近一帯の砂丘（砂し）と河畔，そして海浜を含む範囲がはまなすの丘公

**図7** 石狩灯台と左手に河口を延ばした石狩川。左端の白い建物は北石狩衛生センター

園です。

　ここはかつて，灯台とともに映画「喜びも悲しみも幾歳月」のロケ地となり，主題歌とともに多くの人々の心に焼きついた場所です。しかし，海岸砂丘や海浜のすがたは季節風・海流・石狩川の運搬作用によって常に変化してきました。明治時代の中ごろ，灯台は河口の砂地の最先端付近にありました。100年あまり経た今日，河口はそれよりも1,000 mも先にまで延び，灯台の位置は河口より1,500 mもはるか内陸に位置するようになってしまいました。

　砂丘の標高は最大で10 mほどで，そこにはハマナス・ハマボウフウ・コウボウムギ・オカヒジキなどの海浜植物が繁茂しています。しかし人や車の立入の影響などもあり，「石狩浜海浜植物保護センター」が設置され，植物や海浜保護の取り組みも始まっています。海浜は砂浜海岸で，ときに磁鉄鉱が集った黒色の砂鉄の層も見られます。近年では環境問題への意識が高まり，海岸漂着物にも注目が集まっています(コラム「ビーチコーミング」参照)。

(岡　孝雄)

# 2　望来海岸へ

見どころ　　札幌から日本海に沿って，国道231号を約30 km北上すると，望来の海岸に着きます。バスではおよそ1時間くらいでしょう。望来付近では海成段丘の発達がみごとで，段丘上の切通し露頭では，堆積物の観察が可能です。さらに知津狩付近には，縄文海進以降，海岸線が退いていった際に，残していった砂堤列を見ることができます。また，海に面した崖からは，保存のよい貝化石を採集することができます。

このあたりの海岸にはさまざまな漂着物が打ちあげられ，時には外国からのものも見られます。砂浜をたんねんに歩くと，漂着物のなかにメノウや石炭を見つけることができるでしょう。夏場にはハマヒルガオなどの海浜植物を砂丘で見ることもでき，潮風をあびながら歩くことのできる気持ちのよいコースです。

地 形 図　　2.5万分の1「望来」
　　　　　　5万分の1「石狩」

交　　通　　札幌バスターミナルから北海道中央バス「望来」「浜益」行に乗車，「聚富」で下車

コ ー ス　　①聚富―(2.5 km)→②知津狩―(2.0 km)→③はまなす

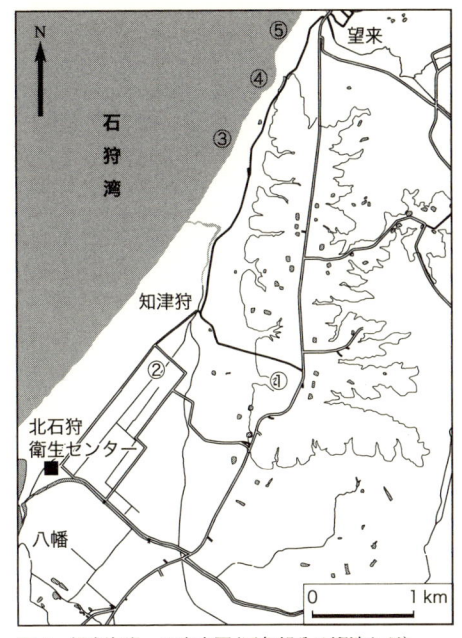

**図8** 望来海岸への案内図(灰色部分は溜池など)

海岸―(0.5 km)→④無煙浜―(0.5 km)→⑤望来海岸
(化石産地)

### ①聚富――海岸線と平行に発達する海成段丘

　望来付近には海成段丘が発達しています。これらは下位から3段の段丘に区分され，特徴的な段丘面をつくっています。上位の段丘は海岸付近では見られませんが，中位と下位の段丘面が観察できます。

　聚富でバスを降ります。バス停付近は国道231号に沿って南北に平坦な地形になっています。これは段丘の平坦面で，聚富面と呼ばれ，標高は70 mほどです。ここのバス停から海側(西側)へ降りて行きま

12　Ⅰ　札幌中心部から石狩湾へ

←聚富面
←嶺泊面

**図9**　知津狩から見る2段の海成段丘

しょう。すると坂を下ったあたりで，一段と低い標高25mほどの平坦な地形が見られ，嶺泊面と呼ばれています(図9)。

**②知津狩**──わずかに残る砂堤列

　段丘面を下り，左折して石狩川の河口へ向かって足を運びましょう。

　河口から北側には石狩湾の沿岸流によってできた海岸砂丘が連なり，そのなかに北石狩衛生センターの施設が建っています(図7)。その建物の道路をはさんだ陸側には，防砂林として樹林帯が残されているので，それを横切る北西‐南東方向の道路へ入ってみましょう。

　道路は，海岸線に平行に延びるいくつかの小さな丘を横切るようにつくられています。この丘の高さは2mほどで，丘と丘の間はこの付近では25mほどあります。丘の高い部分には乾燥を好むカシワ，低いところには湿地を好むヤナギというように，丘の高さに対応して帯状に変化しているのがわかります(図10)。

　この小高く細長い地形は砂堤列と呼ばれるもので，かつて石狩市付近には紅葉山砂丘より海側に向かい100列ほどもあったといわれていますが，開発によりそれらのほとんどは原型をとどめていません。

　今より気温の温暖だった6,000年前の縄文海進のピークを過ぎると，

**図10** 砂堤列の微高地に生育するカシワ林と低地のヤナギ林

海面がしだいに下降して現在の海岸線に至りました。これらの砂堤列は，海岸線の後退の際に取り残していった，いわば海岸線が退く際に残していった渚の忘れものといえるでしょう。

③**はまなす海岸**——ビーチコーミング

　海岸沿いの道をずっと北に向いて歩いていくと，はまなす海水浴場の入口に着きます。ここから砂浜にでてみましょう。砂丘にはこのような砂地特有のハマヒルガオ，ハマニンニク，センダイハギなどの海浜植物が見つけられます。

　海辺は泳いだり，キャンプをするだけの場所ではありません。流木，貝殻，骨，陶片などさまざまな漂着物が砂浜には打ちあがります。ビーチコーミングとは，このような漂着物を拾ってコレクションしたり，アート作品にしたりする趣味です。この砂浜でビーチコーミングを楽しんでみましょう(コラム「ビーチコーミング」参照)。夏期は海水浴で混雑し，漂着ゴミも多いので，その時期を避けて漂着物を探しましょう。

④**無煙浜**——石炭・メノウひろい

　砂浜をさらに北に向かって進むと，その先に望来海岸の切り立った

14　I　札幌中心部から石狩湾へ

**図 11**　無煙浜に漂着した石炭

崖を望むことができる無煙浜に着きます。この付近の浜辺では，黒い石炭や乳白色や琥珀色(こはく)のメノウをひろうことができます。しかし，この付近に石炭層やメノウを産出する火山は見あたりません。

　実は石炭は無煙浜だけでなく，石狩川の河口の両岸でも多数見つけることができます。石狩川河口と無煙浜で見つかる石炭の最大粒径を比較すると，前者の方が大きなことから，石炭は石狩川によって運ばれてきたことが推定されます。石狩川の中流には幾春別川(いくしゅんべつがわ)，幌向川(ほろむいがわ)，夕張川などの支流があり，それらは古第三紀層の石炭層を横切っています。荒天時にそれらの河川は石炭層を侵食し，石狩川を通してはるか 50 km を超える無煙浜に石炭を運んだのでしょう。

　また無煙浜でのメノウは石狩浜周辺ではほとんど見つけることはできず，北側の望来地区の正利冠川(まさりかっぷがわ)河口付近や嶺泊面の段丘堆積物から産出します。このことから，増毛山地に分布する新第三紀の火山岩や白亜紀の隈根尻層群(くまねしり)の火山岩からの供給と考えられています。

図12 望来層の露頭(中央下部に大きなノジュール)

### ⑤望来海岸——望来層の貝化石

 無煙浜の海岸をさらに10分ほど北へ歩くと，望来海岸に着きます（I章扉写真の中央）。この付近の崖で見られる地層は，軟らかい泥岩層と硬い泥岩層が交互に堆積している新第三紀中新世の望来層です。硬い部分は小片状に割れる硬質頁岩で，やや深い海底に堆積した泥が固まったものです。地層の傾斜を計ると，崖の奥(東側へ)向かって40°ほど傾いています。崖の地層内には直径2〜3mに達する球状に突出した岩石が見られます。これはノジュール(団塊)とよばれ，化石や砂粒を核にして石灰分や珪酸分が集まり，固まったものと考えられています。ノジュールを割ると，中から貝化石が見つかることもあります。

 ここではワタゾコウリガイが多く，また二枚貝は両殻が残り保存もよいため，この地点からそう遠くない場所で埋まったと考えられます(図13)。産出する貝化石の種類から当時の海は，やや深く冷たい海であったと思われます。

(鈴木 明彦・田中　実・岡村　聡)

16　I　札幌中心部から石狩湾へ

**図13**　望来層の貝化石
1. ハヤサカソデガイ，2. トクナガキヌタレガイ，3. オオツキガイモドキ，
4. クロダエゾボラ，5. オウナガイ，6〜8. ワタゾコウリガイ
（1〜5：北海道地学教育連絡会編，1964「北海道の化石」より）

## ビーチコーミング

　海岸には打ち寄せる波によって、いろいろなものが流れ着いています。貝殻、骨、海藻、流木など自然のものから、人工のものまで、さまざまな漂着物が海岸には打ちあがります。ビーチコーミング(beachcombing)とは、このような漂着物をひろってコレクションにしたり、アート作品をつくったりする趣味です。名称は海岸(beach)を櫛(くし)ですくように細かく見る(combing)ことに由来します。

　漂着物は多様性に富むため、いろいろな楽しみ方が可能です。貝殻や石ころ、ガラス浮き(浮き玉)や陶片などテーマを決めて、熱心にコレクションしている人もいますし、流木や海藻を使って独特のアートへと変身させている人もいます。また、漂流ビンや外国製浮き、南方系の漂着果実などから、そのルーツを探ってみるのも興味深いことです。一方、海岸に打ちあげられる漂着ゴミや使い捨てライターなどの人工物に注目すれば、海の環境問題を考える機会にもなります。

　ビーチコーミングは、欧米では人気のある趣味のひとつとして以前から知られていました。海岸を歩くことは体によいし、潮風にあたれば気分転換にもなります。そして運がよければ、めずらしい漂着物にめぐりあうかもしれません。気に入った漂着物は、思い出のコレクションになることでしょう。

　海岸に打ちあげられる漂着物はさまざまです。貝殻、ウニ、カニ、クラゲなどの海洋動物、海藻、魚類、海獣や海鳥の死骸、種子や果実、流木、軽石、鉱物などの自然物があります(図14)。また、ペットボトル、空き缶、ガラスビン、サンダル、ボール、おもちゃ、ビニール

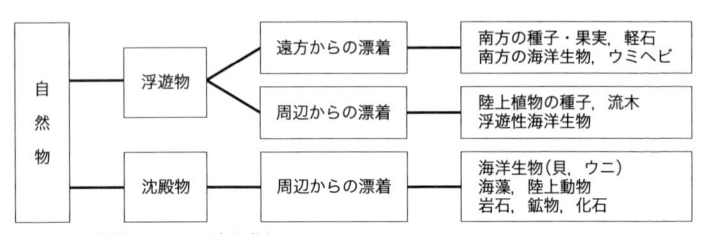

**図14** 漂着物のルーツ（自然物）

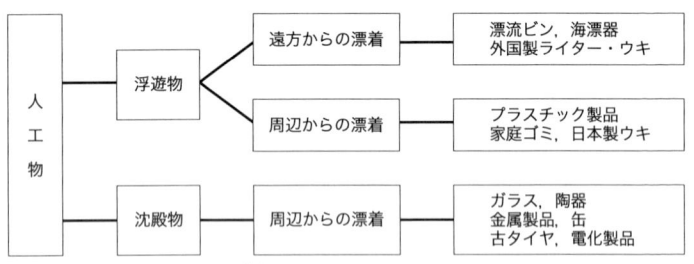

```
自然物 ─┬─ 浮遊物 ─┬─ 遠方からの漂着 ── 南方の種子・果実，軽石／南方の海洋生物，ウミヘビ
        │          └─ 周辺からの漂着 ── 陸上植物の種子，流木／浮遊性海洋生物
        └─ 沈殿物 ──── 周辺からの漂着 ── 海洋生物（貝，ウニ）／海藻，陸上動物／岩石，鉱物，化石
```

**図15** 漂着物のルーツ（人工物）

```
人工物 ─┬─ 浮遊物 ─┬─ 遠方からの漂着 ── 漂流ビン，海漂器／外国製ライター・ウキ
        │          └─ 周辺からの漂着 ── プラスチック製品／家庭ゴミ，日本製ウキ
        └─ 沈殿物 ──── 周辺からの漂着 ── ガラス，陶器／金属製品，缶／古タイヤ，電化製品
```

シート，漁網，浮き，電球，タイヤなどの人工物も見られます（図15）。

ビーチコーミングや漂着物に興味をもったならば，さっそく近くの海岸にでかけてみませんか。

服装は，海岸で動きやすいスタイルであれば，とくにこだわる必要はありません。ビーチサンダルでは足をケガする可能性があるので運動靴がよいでしょう。強い日差しをさけるためにも帽子は必需品です。夏の暑い時期は脱水症状にならないためにも飲み物が必要です。一方，秋から冬の時期には冷たい季節風が吹くので，ウインドブレーカーなど暖かい服装がよいでしょう。厳冬期は海岸も雪でおおわれますので，この時期には長靴や携帯カイロが必要でしょう。

（鈴木　明彦）

## 貝および貝化石

　貝類は昆虫に次いで繁栄している動物です。世界には10万種類もいるといわれています。硬い貝殻をもっており，海に棲んでいるものが多いので，化石としてもよく産出します。いきなり貝化石に名前をつけるのはむずかしいので，海岸に落ちている現生の貝殻を調べてみましょう(図16)。現生の貝殻はまだ色もついていますし，完全なものも拾えます。なるべくたくさんの種類を集めるとよいでしょう。普通の種類は貝類図鑑にのっていますので，貝化石に比べると調べやすいと思います。また，博物館に展示されている標本と比べてみると，色や形の特徴がよくわかります。

　海にはいろいろな貝が棲んでいますが，その種類は海の環境の違いによって大きく異なっています。海の環境を示す要素として，海の深さ(海深)，海底の性質(底質)，海水の温度(海水温)，海水の塩辛さ(塩分濃度)，地形などがあげられます。海の貝の大半はベントスと呼ばれる底生生活者なので，海深と底質はとても重要な要素です。また，海の貝の分布には，海水温の違いも多いに関連しています。たとえば，

**図16** 海辺の貝殻(小樽市銭函海岸)

I 札幌中心部から石狩湾へ

図17 エゾキンチャクガイ（札幌市十五島公園）
図18 アオイガイ（石狩市石狩浜）

　北方の冷たい海に棲んでいる貝の化石は，北海道の地層からはよく産出します。札幌の約800万年前の地層から，エゾキンチャクガイの化石(図17)が産出しました。この貝は東北以北の冷たい海にいますので，その当時札幌周辺には冷たい海流が流れ込んでいたのでしょう。

　一方，南方の暖かい海に棲んでいるアオイガイ(タコの仲間・図18)が，北上して北海道にも流れ着くことがあります。2005年秋の海水温が高い年には石狩湾沿岸に大量漂着しました。こうしたものが化石に残れば，過去の温暖な時期を知る手がかりになるかもしれません。

　初めての方は，現在のものと似ている新第三紀～第四紀の貝化石から始めるのがよいでしょう。貝化石が採集できたら，名前(和名)を調べます。なるべく完全なものを選び，貝類図鑑を使って絵合わせをして探します。このとき，殻の一部が壊れている場合，表面がすり減っている場合，二枚貝で右左の殻が違う場合もありますので注意が必要です。似ているものが見つかれば，説明を読んでみます。おおまかな特徴が一致したら，その仲間と考えていいでしょう。ただし，正式な名前(学名)を決めるには学術論文を読んだり，専門家に同定してもらう必要があります。

(鈴木　明彦)

# II 豊平川の上流へ

藻南公園の河床や河崖に露出する西野層，奥の崖は支笏火砕流堆積物
（岡　孝雄撮影）

# 1　中の島から石山へ

見どころ　　　中の島から石山までの豊平川沿いのコースには，藻岩山ができる以前の環境を示す，いわば札幌の土台を形づくった新第三紀中新世末〜鮮新世の西野層が分布しています。
　　　　　　　さらに周囲には支笏火山巨大噴火時の火砕流，河岸段丘，それに豊平川が大きく流路を変えた証拠などが存在し，地学学習を楽しむ好フィールドとなっています。

地 形 図　　　2.5万分の1「札幌」・「石山」
　　　　　　　5万分の1「石山」

交　　通　　　定山渓温泉までは札幌駅および地下鉄「真駒内」駅からじょうてつバス。

コ ー ス　　　札幌駅前―(6 km)→①精進河畔公園―(3 km)→②五輪大橋―(2 km)→③藻南公園―(1.5 km)→④石山緑地

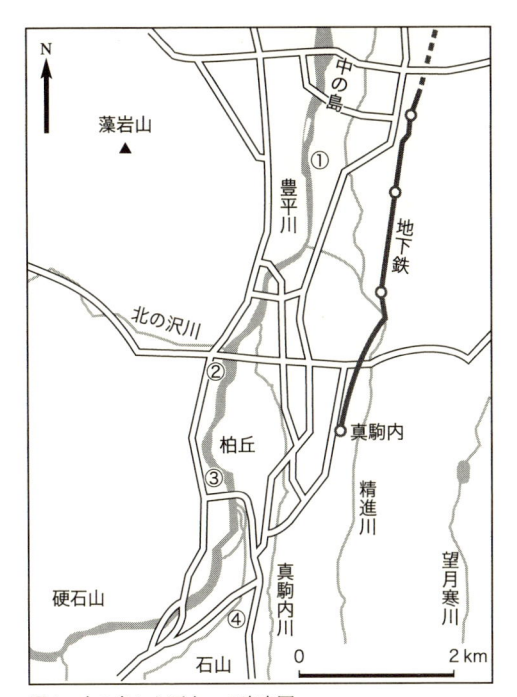

**図1** 中の島から石山への案内図

## ①精進河畔公園──一昔前の豊平川氾濫原(平岸面)

　精進河畔公園の名前の由来になっている精進川は、かつては公園南口のオソウシの滝付近で豊平川に合流していました。現在、滝より下流では平岸段丘の西縁に沿って流れる小水路になっていますが、もともとは豊平川の分流だったものです。中の島地区は、この小水路と本流との間にはさまれる〝中島〟の部分にあたります。ここは豊平川の氾濫原ですが、平岸地区はこの面と天神山緑地や月寒公園のある丘陵面との中間の台地で平岸面と呼ばれます。

　公園は8m程度の比高のある平岸面の崖にあたる部分にあります。

図 2A　精進川に落ちるオソウシの滝　　図 2B　河畔公園の案内図

ここでは，西へ30°ほど傾く西野層の上位に，厚さ4mほどの段丘礫層が重なっており，平岸面をつくった堆積物を見ることができます。

東側の天神山は月寒丘陵の一部で，西野層を支笏火砕流堆積物がおおっています。(1)地点の滝と周囲の露頭には，西野層の火山角礫岩，砂岩と泥岩の互層が見られます。川に沿って北へたどると，崖のところどころに砂質泥岩や泥質の細粒砂岩が確認できます。庭石ガーデン(2)地点の歩道橋付近では，火山灰質の細〜中粒の砂岩がクロスラミナをなしています。貝化石が産出することがありますが，ここで採取するのはやめましょう。

### ②五輪大橋──海底に堆積した火山噴出物(西野層)

五輪大橋は，1972年冬季オリンピックの開催に向けて建設された橋です。東岸側の平岸段丘上には，メイン会場の屋内・屋外競技場があり，西岸側には藻岩山の分岐した山体が突きだしています。また北側では南から流れる真駒内川が合流しています。

豊平川はこの付近で突きでた藻岩山をえぐるように流れており，山体の内部を河床の露頭で垣間見ることができます。藻岩山についてはⅣ章で紹介しますが，山体の中腹より下には土台である西野層が発達

図3　五輪大橋付近の案内図

し，この付近では 10〜20°北東へ傾斜しています。

　見学は河床露頭のため，流水の少ない初夏〜秋が望ましく，五輪大橋下(1)地点を出発点とするとよいでしょう。この地点から下流へ約 100 m の間には，火山角礫がまじる軽石凝灰岩（ぎょうかいがん）で，水中火砕流によって形成されたものです。

　(1)地点の下流 130 m 付近の(2)地点では，河床全体が凸凹で地層が露出し，流れは早瀬となっています。ここでは，泥岩や砂岩の大きなブロックを取り込んだり，デイサイトの角礫・泥岩角礫をところどころに含んでいます。これらのことから，海底土石流によって形成されたものと考えられます。

　さらに下流では西から北の沢川が合流します。この合流点(3)地点付近より下流 200 m の間はゴツゴツしており，大きさのまちまちな礫（れき）からなる地層が続きます。これはデイサイト質の火山角礫岩で水中での火山活動の産物と見なされます。

### ③藻南公園──扇状地の始まるところ

　藻南公園といえば「炊事遠足」，とくに札幌育ちの中〜高年の人には親しみ深い場所です。地形的には管理事務所のある西岸側は2段の

**図4** 五輪大橋下流河床の水中土石流堆積物

　段丘面上に公園がつくられており，対岸は河床から高さ70mの小山（真駒内柏丘(かしわおか)）となっています。

　この付近は約4万年前の支笏火山巨大噴火の時に，現在の札幌中心部に向かう大火砕流によって70mの高さのところまで埋め尽くされたところです。火砕流がおおむね600℃以上の高温で堆積すると，その熱で溶け，その重さにより圧縮されます。この過程を「溶結(ようけつ)」といい，作られた岩石を「溶結凝灰岩」と呼びます。

　大火砕流が埋め尽くす前には，この付近の豊平川は柏丘の小山の東側を，すなわち今の真駒内川(まこまないがわ)沿いに流れていたことが，火砕流堆積物の下の河川堆積物の存在などから想定できます。

　では，なぜ豊平川は東側の真駒内川から現在の位置に流路が変更したのでしょう。石山から柏丘にかけては厚さ30m以上もの硬く溶結した火砕流堆積物が形成されましたが，その西側の硬石山(かたいしやま)側の同堆積物は非溶結で比較的薄く軟かいものでした。そのため火砕流によって上流側にできた堰止湖(せきとめ)は，軟かい火砕流堆積物が分布していた石山陸橋‐藻南公園付近で決壊し，流れが現在のところへ移動したと考えられます。

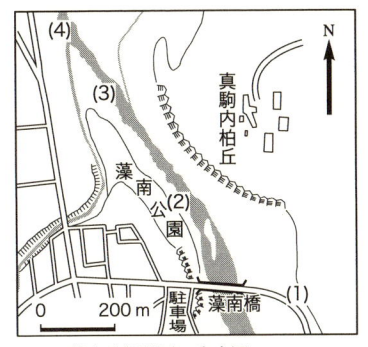

**図5** 藻南公園付近の案内図

### (1)藻南橋の東側——支笏火砕流と山地の境界部を見る

藻南橋の西端に立ち,川の上流部分を眺めて見ましょう。石山方面から続く白色の露頭は支笏火砕流堆積物です。切り立ったように見えるのは,硬い溶結凝灰岩を採石によって切りだしたためです。橋を渡り,道路カーブの東側に露頭(1)地点があります。溶結した硬い灰色部分が急激になくなり,草木におおわれた非溶結の火山灰があります。これは高温状態で流れ下った火砕流が柏丘の小山に衝突した際,熱を山体に奪われたため溶結することができなかったと考えられます。橋を引き返す途中で下流側を見ると,柏丘の小山を形成する西野層の崖を見ることができます。

### (2)公園の河原——西野層のハイアロクラスタイト

藻南公園の入口から北へ向かうと,公園中央部分をのせる段丘面が広がっています。ここより7m下ると最低位段丘面で,水場など炊事設備の整ったエリアがあります。

さらに3mほど下ると,大小の角ばった礫をたくさん含むゴツゴツした灰色の岩盤の河床が広がっています。ここが(2)地点です。これらの大半はハイアロクラスタイト(水冷破砕岩,Ⅴ章参照)と呼ばれる

**図6** 西野層のハイアロクラスタイト

岩石で、海底で溶岩が破砕されてできたものです。角礫の間を埋める基質の部分は、溶岩の細かい岩片やガラス質破片からできています。

また塊状の溶岩のように見えるところもあります。泥岩や安山岩など異質な礫～岩塊の多い部分は凝灰角礫岩と呼ばれています。成因的には火山砕屑性堆積岩(エピクラスタイト、V章参照)と見なされます。

対岸の大きな崖のなかほどには、中心から放射状に割れ目のある大きな岩塊を見つけることができ、水中で急冷したものと考えられます。

ところどころに砂岩層をはさむことから、ハイアロクラスタイトの活動は時々休止し海底に砂が堆積したことを示しています。岩石をルーペで観察すると、黒色で長柱状の角閃石(かくせんせき)がめだち、ほかに白色柱状の斜長石(しゃちょうせき)とガラスのような石英がともなっているのがわかります。

### (3) 公園の河原より下流部——珪藻質泥岩で時代を推定

(2)地点からさらに下流へ進むと、ハイアロクラスタイトの下に灰色の泥岩が現れるようになります。両者の境界は不規則で入り組んでおり、ときには下位の泥岩がハイアロクラスタイト中に岩片として取り込まれていることがあります。これは、マグマが流れ出し水中で急冷されて破砕されるとともに、すでに堆積していた海底の泥層を削った

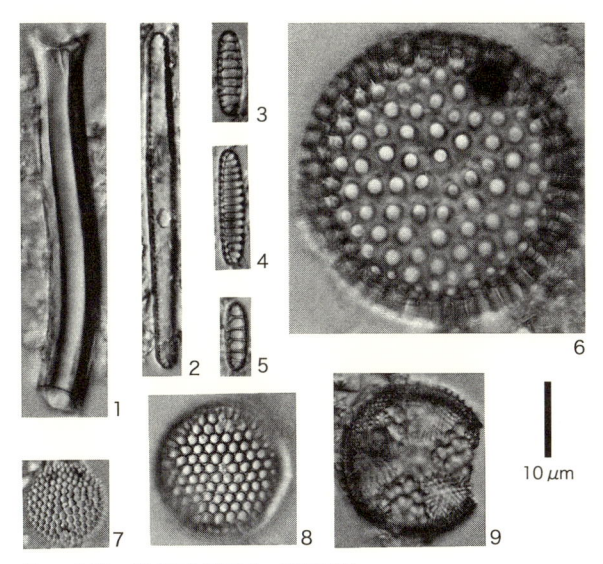

図7 珪藻の化石写真(嵯峨山 積氏提供)

り，巻き込んだりしたものでしょう。

　川が落差5m程の滝を形成する箇所(3)地点(II章の扉写真)では，下位の泥岩層の断面を観察することができます。層理は不明瞭で，かなり不規則に割れ目が入っています。泥岩は比較的軽く，いわゆる珪藻質泥岩の特徴を示し，海に棲む珪藻の化石(大きさ10μ程度)が豊富に含まれています。珪藻化石はサラシオシーラ・オエストゥルピー(図7の7)という種により代表され，今から550万〜350万年前ころの鮮新世のものです。

### (4)さらに下流200m付近——河岸段丘と西野層

　西岸を200mあまり下ると(4)地点で，川は少し峡谷状を示します。西岸側は遊歩道のある段丘面が最低位面で河床よりの高さ(比高)4m前後であるのに対して，東岸側の段丘面は低位面で比高は6mほど

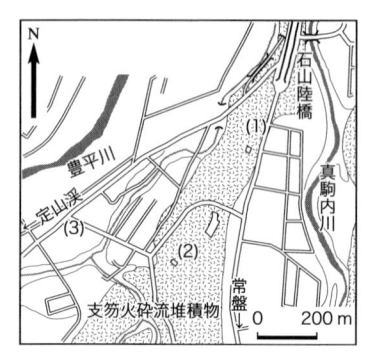

**図 8**　石山緑地付近の案内図

です。

　段丘を構成する堆積物は，西岸の最低位面の厚さは 1～3 m で，直径が 30 cm 前後までの火山岩の亜角礫を主体としています。これに対して，東岸の低位面は表層部に土壌が形成されていることから，面の形成がやや古いことをうかがわせます。

　西岸の段丘堆積物の下位に，土石流堆積物と考えられる淘汰の悪いデイサイト礫を主とした火山性礫岩と，炭化木片や樹幹を含む火山灰質の砂質泥岩～細粒砂岩の西野層が認められます。砂岩の一部にはクロスラミナが認められ，強い水流の影響があったことが想定できます。

### ④石山緑地——札幌東部を直撃した大火砕流

　支笏火砕流堆積物は，豊平川と支笏湖方面への国道 453 号にはさまれた石山地区に厚く堆積しています。この石山という名称は，文字通り「採石場所」に由来しています。この付近では，豊平川の東～南岸での〝札幌軟石〟と，北岸での〝札幌硬石〟の採掘が，明治時代初期に始まりました。軟石採掘の跡地の一部は，「石山緑地」として整備されています。また，札幌の中心市街地の「石山通り」は，石山から石材を札幌中心部へ，夏は馬車，冬は馬そりで運んだことに由来して

図9 石山緑地の支笏溶結凝灰岩層(溶結の進んだ下半部が採掘された)

います。

### (1)展望テラスからとらえる石山地区の採石風景

　札幌軟石の切り立った採掘跡と札幌硬石の採掘風景は，石山緑地北端の展望テラスから眺めることができます。

　対岸西側の硬石山はデイサイトの大きな岩体で，地下深くに火の玉状に広がったマグマがしだいに冷却して形成されたものです。その東半部は長年の採石により，山体の胴体がえぐり取られたような状態になっています。

　軟石の採掘は現在では少なくなり，石山南方の常盤地区で1社(辻石材工業)のみが行っています。採掘方法は，階段状の上面で，まず石切用カッターで垂直方向に直方体の3面に切れ目を入れます。次に階段状の下面から水平方向に，大きなバリのような金具を打ち付けると，ペロリと直方体の石材が剝がれてきます。水平方向に割れ目が入りやすいのは，火砕流ができた原因を考えれば理解できます。高温の火砕流が冷えて溶結凝灰岩となったのちに，さらに熱は徐々に地下と空気中へと奪われて冷えていきます。そのために，地表面と平行に温度が下がり溶結凝灰岩は収縮していきます。温度によって収縮率が異

**図 10** 硬石山の砕石風景。山体の内部（デイサイト）が露出

なるので，水平方向には割れ目が入りやすくなります。また，火砕流の上部と下部では熱が早くから奪われるために溶結作用が進まず軟かいままとなっています。

### (2) 野外ステージ "石の広場"（溶結凝灰岩の断面）

南ブロックには公園のシンボルともいえる "石の広場" があり，軟石採掘跡地を利用した野外ステージが整えられています。さらに南には隣接して "彫刻広場" があります。

野外ステージや，彫刻広場で溶結凝灰岩の断面を観察してみましょう。切り出した直方体のある長方形の一面Aと，それに垂直で接している長方形Bのそれぞれの面に含まれている軽石の形に注意して観察してください。AとBのどちらか一方の面の軽石だけ，どれも細長くある方向に引き伸ばされたような形をしています。

火砕流が猛スピードで流下してきたときには軽石は自形を保ってい

**図11** 札幌軟石でつくられた旧石山郵便局(ぽすとかん)

ますが，軽石が溶結するときには，厚い火砕流の重さが加わり，軽石は水平方向あるいは流下方向につぶされます。このように軽石をつぶす方向に火砕流の重力が働いていたことがわかり，ほぼ丸い形を保った面が当時の地表面であったことがわかります。

**(3)札幌軟石造りの建物**(旧定山渓鉄道石切山駅・旧石山郵便局)

　札幌軟石を用いた建物は石山地区のところどころで見ることができますが，その代表は石切山街道沿いにある，旧定山渓鉄道の石切山駅(石山振興会館)と旧石山郵便局(ぽすとかん)です。いずれも札幌市の「札幌景観資産」に指定されています。とくに，旧石山郵便局はコンパクトながら全体が軟石造りの建物として印象的で，横には駐車場・ベンチなどが備えられています。

（岡　　孝雄）

# 2 十五島公園から百松沢方面へ

見どころ　　　1990年代後半以降，ボーリング調査による温泉開発や地震関連の地下構造調査が盛んに行われてきました。その結果，札幌市街地の深部に分布する地層が，南西部の山地地域で上昇して地表に現れ，直接に観察するできることがわかってきました。

また2004〜2006年，小金湯付近でカイギュウ化石の発掘に関連し詳細な地質調査が行われ，このコースには新第三紀中新世の中期から後期(1,500万〜500万年前)の地層が，ほぼ連続的に分布していることが明らかになりました。

地形図　　　2.5万分の1「石山」・「定山渓」
　　　　　　5万分の1「石山」・「定山渓」

交　通　　　定山渓温泉までは札幌駅および地下鉄「真駒内」駅からじょうてつバス。駐車場は十五島公園・小金湯温泉には，札幌市関連のものが完備されているが，そのほかは道路沿いのパーキングなどがあります。

コ　ー　ス　　①十五島公園—(3 km)→②白川橋—(3 km)—八剣山下—(1.5 km)→③砥山栄橋—(1.5 km)—小金湯温泉—(1.5 km)→④百松沢林道

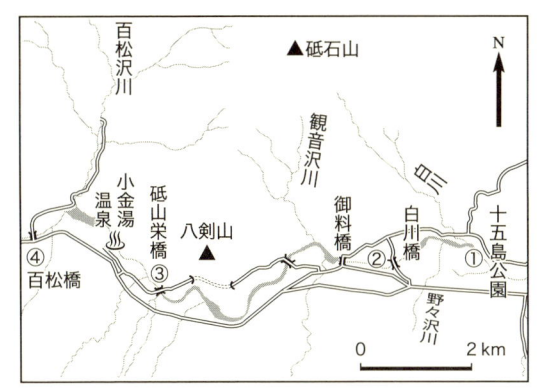

図12　十五島公園から百松沢方面への案内図

### ①十五島公園──硬石山と焼かれた泥岩

　十五島公園のある藤野地区は1944(昭和19)年3月に，その名を旧地名の藤ノ沢と野々沢から1字ずつとり「藤野」として誕生したとされています。

　この付近は，豊平川沿いでもっとも典型的に河岸段丘が見分けられる場所で，高位・中位・中低位・低位の4面が認められます。

　高位面は石山緑地の崖の上端の面に相当し，藤の沢小学校がのる台地や藤が丘高台などが該当します。河床からの比高は40m程度です。地質的には礫層(上部は一部泥炭の砂・泥層)上に，支笏火山噴出物(降下軽石・火砕流堆積物)，ロームおよび恵庭a降下軽石などが重なって段丘堆積層を構成し，オカバルシ川沿いで観察できます。

　中位面は藤野二条において国道をのせ，精進河畔公園の平岸面と同時代に形成されたと考えられています。河床からの比高は25m程度です。次に国道沿いの「コープさっぽろ」の向かいの道を北に500mほど進み，旧野々沢川の手前で8mほど下がると，藤野小学校をのせる中低位面になります。ここから，さらに8mほど下がると，

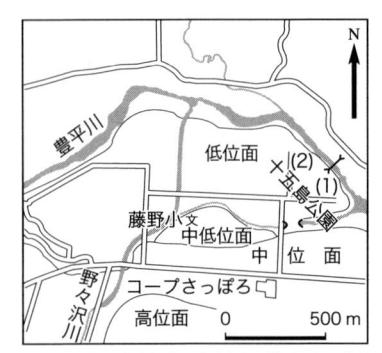

**図13** 十五島付近の案内図と段丘面の分布

駐車場や芝生などの広がる十五島公園をのせ，河床からの比高6mほどの低位面に達します。

### (1) 吊橋の下——硬石山デイサイト

公園の中央付近には豊平川に架かる吊橋があります。その上から下流を眺めると，川は硬い岩盤の中を削り込んで流れているのがわかります。この岩石は470万年前ごろに地下で大きなマグマの塊が上昇し，冷え固まってできたデイサイトです。この岩石は硬石山を構成していることから，硬石山岩体と呼ばれます(図10)。

河床に下りてハンマーでたたき岩石の小片を手に取り肉眼やルーペで観察してみると，斜長石・角閃石・石英の斑晶が見られ，デイサイトの特徴を知ることができます。注意して見ると，岩盤の中に数cm〜数十cmの暗色の異質な岩片を見つけることができるでしょう。これはマグマが上昇する際に周囲の岩石を取り込んだもので，捕獲岩といわれます。

### (2) 吊橋上流——マグマ上昇によって傾いた泥岩

吊橋から90mほど上流にデイサイトと泥岩の接触部があります(図14)。ここでは，熱いマグマが上昇してきたことにより，もともと

**図14** デイサイトと泥岩の接触部(破線で示す。後方が下流)

あった泥岩がその熱で焼かれ陶器のように白く硬く変化した様子をとらえることができます。この接触部から上流には細かい割れ目の多い泥岩がしだいに黒っぽさを増していきますが、これがもともとの泥岩の色です。熱による影響がかなり広範囲に及んだことがわかるでしょう。

対岸にはデイサイトが枝分かれした部分と泥岩の間に断層関係が認められます。注意して見ると薄い砂岩層をところどころにはさみ、地層がほぼ北西方向へ20°程度傾いています。大局的に見ると、硬石山岩体の形成により、周囲に堆積していた泥岩はドーム状に持ちあげられた隆起構造を見せています。

②白川橋から八剣山下──地層の褶曲と火山岩(安山岩)

この区間は峡谷やダムがあることから、全体を通して河床を歩きながら観察することはできません。砥山発電所より下流では豊平川を渡る橋が3か所(白川橋・御料橋・砥山橋)あるので、橋ごとに車を停め、橋の上から概観し、安全において観察できる場所を探しましょう。大まかには白川橋のやや下流から御料橋付近までは火山岩、藻岩ダムのダム湖付近より上流では堆積岩からなる地層が褶曲構造を示します。

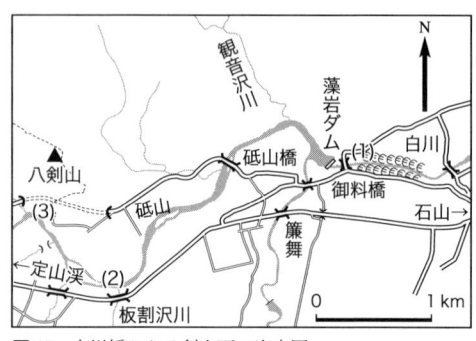

図15 白川橋から八剣山下の案内図

(1) **白川橋と御料橋**——マグマと砂岩泥岩互層の接触，みごとな柱状節理

　白川橋付近から御料橋付近までの間は，柱状節理の発達がみごとな簾舞岩体と呼ばれる安山岩が分布しています(図16)。この区間は岩壁が両岸に続く峡谷で，水深もあり，近づくのは困難ですが，橋脚付近で河床におりると，柱状節理や中新世後期の砥山層群を観察することができます。

　白川橋の下流では簾舞岩体と泥岩砂岩互層との接触境界が観察できます。よく見ると，岩体の末端部が互層部にわずかに斜めに入り込んでいます。岩体が形成されるときに，砂岩泥岩互層はまだ軟らかかったのでしょう。高温のマグマが水を多く含む互層部に接して急激に固化・破砕した様子や，互層部が流動化し岩体と混合した部分（ペペライト）などの現象も観察できます。このようなことから，簾舞岩体は砥山層群中部の堆積後の間もないころに深部から貫入したものと考えられます。

　御料橋下から藻岩ダムの間では，南岸には林立する柱状節理の柱が連なっています。北岸は崖の上部が侵食され，束ねられた柱状節理が蜂の巣状に広がっています。岩体が冷える際の収縮にともなって，こ

図16 みごとな柱状節理を示す安山岩(藻岩ダム下流の簾舞岩体)

のような節理ができたものです。

### (2)砥山橋から板割沢川合流部——地層の褶曲と板状層理

観音沢川との合流部付近より上流では，ふたたび泥岩砂岩互層が分布するようになります(図17)。砥山橋付近より上流では，渇水期には川を歩きながらの観察も可能です。砥山橋付近では地層は上流(南東)へ25°前後の傾斜で傾いていますが，さらに進むとやがて下流(北東)へ10°前後の傾斜へ転じ，板割沢川との合流部付近からふたたび上流

図17 深海に堆積した砥山層群の泥岩層

**図18** 670万年前にマグマが上昇してできた八剣山

傾斜となります。このようにこの付近では、地層が下へへこむ形と、上へ盛りあがる形を観察することができます。へこむ形を向斜、盛りあがる形を背斜といいます。

砂岩は火山性の砂で構成され、泥岩層にひんぱんにはさまれているので、全体として板状の層理を示します。ソデガイなどの貝化石をところどころに含んでいます。このような互層は砥山層群の中部で、約150 mの厚さがあります。

### (3)八剣山下の河岸——八剣山岩体

車で砥山橋を渡り新しい北岸の道路を進むと、八剣山トンネルが見えてきます。トンネル手前の分岐点から旧道に入ると、やがて登山口に達します。そこで車から下り人道をさらに進むと、豊平川にもっとも接近する地点に達します。

ここは貫入岩である八剣山岩体(複輝石安山岩)が高さ80 m近い崖や急斜面をつくって露出しています(図18)。岩体には柱状節理が発達し、カリウム‐アルゴン法による放射年代測定では670万年前という年代を示していました。

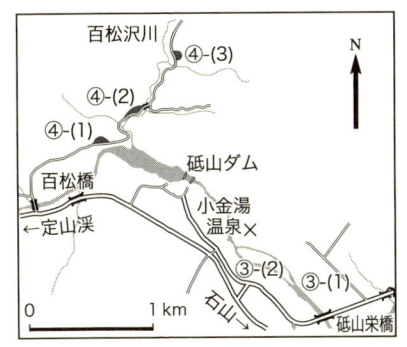

2 十五島公園から百松沢方面へ　41

図19　砥山栄橋‐百松沢川の案内図(×：小金湯岩体)

**③砥山栄橋から小金湯温泉**——半深海に埋もれていたサッポロカイギュウ

　このルートでは地層がほぼ切れ目なく露出しており，カイギュウ化石の発掘に関連して，詳しい地質調査が2004〜2006年に実施されました。調査はまずスチール製巻尺をあてながら1/100または1/50の縮尺でルート全体の柱状図を作成し，次に化石(貝・珪藻・有孔虫・生痕など)の試料採取・産出状態の観察を行い，凝灰岩に含まれる鉱物(ジルコンなど)から年代を測定するという手順で行われました。その結果，カイギュウ化石を含む地層(砥山層群中部)は500mほどの厚さの泥岩を主体とする半深海成の一連のもので，形成年代は900万〜700万年前(中新世後期)であることがわかりました。

　この年代の上限値は八剣山岩体と近く，砥山層群中部が堆積したころに，八剣山安山岩が活動したと考えられます。

(1)砥山栄橋——タービダイトと生痕化石

　橋から800m上流の北東岸では高さ約15mの大きな露頭があり，地層は北東へ15°あまり傾斜しています。この付近の地層は，海底斜面などに沿い混濁状態で流動・沈積した堆積物の集積したもので，タービダイト(混濁流堆積物)と呼ばれます(Ⅶ章2節参照)。

礫岩層は淘汰の悪い砂と安山岩の大小の角礫を含み，礫の直径は上位へ小さくなる級化現象を示します。砂岩層は細〜粗粒で，上部に平行〜波状の葉理が認められます。泥岩は塊状の砂質泥岩で，葉理が認められることもあります。

泥岩には，生痕化石がかき乱された状態でたくさん含まれており（生物擾乱），典型的なものは露頭下流の川縁で認められます。生痕化石とは，二枚貝類，ゴカイのような環形動物および十脚甲殻類（エビ・カニ・ヤドカリ）などの生活跡をいい，棲み家・摂食・排泄などがあります。

ここでは8種類のタイプの生痕化石があるとされますが，生物の特定は簡単ではないようです。もっともめだつのは，太さ数cmの円筒・団子状の大きなもので，ゼン虫類または十脚甲殻類の摂食跡や糞化石と考えられています。

### (2) 小金湯温泉——半深海に沈んだサッポロカイギュウと小金湯岩体

カイギュウ化石（コラム48頁参照）の産出地点が，小金湯岩体より130 m下流の南岸露頭です（図20）。この付近では地層は半深海を示す泥岩を主体とし，東南東へ40°ほど傾斜しています。

「浅海に棲む哺乳類のカイギュウが，半深海堆積物のなかから産出」は，まさにミステリーです。カイギュウが半深海に埋もれた800万年前ごろ，定山渓温泉付近を含む地域の一帯は，陸地（島）であったと考えられています（X章参照）。

その証拠は，砥山ダム下の河床露頭の海底土石流と考えられる厚い礫質タービダイト中に，当時の陸地から供給された亜角礫や円礫が含まれていることです。島の中や海岸に露出していたこれらの岩石が，流水や波の作用により礫となって島周辺の深い海へもち込まれたと考えられます。当時の島の周辺は急激に深くなっており，カイギュウが生活するような浅い海は，とぎれとぎれに狭く続いていたと想像され

**図20** サッポロカイギュウ化石の産出地点(手前の河原)と小金湯岩体(奥の急崖)

ます。この陸地(島)を「古定山渓島」と呼んでいます。

　カイギュウ化石は産状からほぼ丸ごと1個体分が存在したと見なされることから、遺体が浮かんだままで沖合に流され、深い泥の堆積する海に静かに沈み、化石となったものなのでしょう。

　カイギュウ化石産出地と砥山ダムの間には、北東‐南西に広がる屏風のような小山が立ちはだかり(図20)、川幅が狭くなっています。これはカイギュウ化石を含む泥岩などの堆積後に、マグマが地下から上昇して形成された複輝石安山岩で、小金湯岩体と呼ばれています。

### ④百松沢林道——深い海での火山活動

　百松沢川(ひゃくまつざわがわ)は山頂部が火山岩よりなる神威岳(かむいだけ)(標高983m)、烏帽子岳(えぼしだけ)(1,109m)および百松沢山(1,038m)の登山口に至る林道があり、また地層の露出がよいことなどから、古くから地質見学コースとして親しまれてきました。

　百松沢林道の入口付近には、百松沢岩体と呼ばれる石英斑岩(はんがん)と砥山

44　II　豊平川の上流へ

**図21**　サッポロカイギュウ化石の産出状態(写真内のスケールは1.3 m)

層群最下部の泥岩(頁岩)層があり，その上流の川分岐点付近では，北北西－南南東方向に軸を示す背斜構造をした百松沢層上部が下位に分布します。一般的には上流に向かってより下位の古い地層を見ることになります。

### (1)石英斑岩の貫入で急傾斜した地層

　林道を進むと砥山ダム湖上流端の道路が大きく曲がる手前に大きな露頭があります。向かって左側は石英斑岩，右側は60°ほど北西へ傾斜した泥岩砂岩互層(砥山層群)で，両者は境界部付近で破砕されて角礫状となって混在しています。

　これらのことから，砥山層群が堆積したのちに石英斑岩が冷え固まった状態で上昇(貫入)したため，両者は断層関係で接し，砥山層群の地層が60°という急な傾斜に変化したのです。

### (2)ハイアロクラスタイトと火山砕屑性堆積岩

　ここからさらに200 mほど進むと，急傾斜した泥岩砂岩互層の奥

**図22** 左側は泥岩砂岩互層，右側がハイアロクラスタイトの大露頭

に黒々としたハイアロクラスタイトの大きな露頭が現れ，道路に沿って120mにわたり続きます(図22)。泥岩砂岩互層とハイアロクラスタイトの関係は，これまで断層とされていましたが，断層破砕の証拠がないことから，泥岩砂岩互層の上に厚いハイアロクラスタイトが整合的に重なり，その後の地殻変動(石英斑岩の上昇など)で大きく変位したと考えられます。

　安山岩質のハイアロクラスタイトは露頭全体に層理が認められないことから，海底火山の1回の噴出活動形成されたものです。また，噴出層が厚いため火山の中心(火道：マグマの通り道)付近の状態を示している可能性があります。

　さらに上流へたどると，ハイアロクラスタイトと一連の地層が45°前後の南西傾斜となり，600mほど続きます。地層の厚さは約400mです。水中でのマグマそのものの活動によるハイアロクラスタイトだけでなく，火山活動の二次的影響による土石流堆積物やタービダイト

**図23** 火山性土石流堆積物の集積体

などの火山砕屑性堆積岩より構成されています(図23)。土石流堆積物は石英斑岩の亜角礫(大〜巨礫)を含み、石英斑岩が土石流の発生時には地上あるいは海底面上に顔をのぞかせていたことを示しています。

### (3)頁岩中の小さな化石

東からの小沢を過ぎると、上流左手に切り株状に突きでた岩峰が見えてきます。それが神威岳です(図24)。マグマの通り道である火道が冷え固まったものではないかと考えています。その東側奥に見える百松沢山の南峰も小規模ながらそのような形態を示しており、さらに西側奥にある烏帽子岳は、岩脈(がんみゃく)状に東西に延びた形になっています。

道路沿いには泥岩の大きな露頭が100 mほど続いていますが、落石防止ネットのため観察しにくくなっています。地層は南〜南西へ45°前後で傾いていますが、上流側では露頭の方向が変化するため地層はわん曲して見えます。

**図24** 泥岩大露頭と火道状に突きでる神威岳

　崩れた泥岩をルーペなどで観察すると，マキヤマ・チタニイ(旧名はサガリテス)，有孔虫，魚鱗などの化石を見つけることができます。マキヤマ・チタニイは海綿動物の骨針化石で，数mmの太さで管状になっています。有孔虫は，1mmほどの大きさで渦巻状に見えるサイクラミナなどがあります。

　なお，この泥岩層の下位にはグリーンタフ層(緑色を帯びた軽石凝灰岩〜凝灰角礫岩)があり，500mほど上流の百松沢川河床で観察できます。さらに沢沿いを上流にたどると，地層は上流(東北東)傾斜となり，今まで見た部分を逆にたどることになります。

　　　　　　　　　　　　　　　　　　　　　　　　　　(岡　孝雄)

48　II　豊平川の上流へ

| サッポロカイギュウ | 札幌市博物館活動センター<br>住　　所　〒060-0001 札幌市中央区北1条西9丁目<br>　　　　　　リンケージプラザ5階<br>電　　話　011-200-5002<br>開館時間　10時～17時<br>休館日　　日・月, 祝日, 年末年始(12月29日～1月3日) |

　カイギュウという動物は人魚にまちがえられた動物として有名なジュゴンやマナティーを含む哺乳類に属し, 海牛目という独自のグループを形成しています。その姿はクジラ(鯨目)あるいはアシカやアザラシ(食肉目・鰭脚類)などに似ていますが, 系統的には長鼻類(ゾウ)と近い関係にあり, 海棲(かいせい)哺乳類では唯一の草食動物です。

　今からおよそ5,000万年前の始新世以降, 陸から海草(藻)類の生える浅い水域に進出しました。これまでに現生種, 化石種を含め40属以上のカイギュウ類が登場しましたが, そのほとんどは暖かな水域を好み, 体長2～5mの大きさでした。しかし, そのなかでたったひとつ冷たい海を好み, 体長を7m以上に大型化させたカイギュウがいました。そのグループをヒドロダマリス(*Hydrodamalis*)属と呼びます。

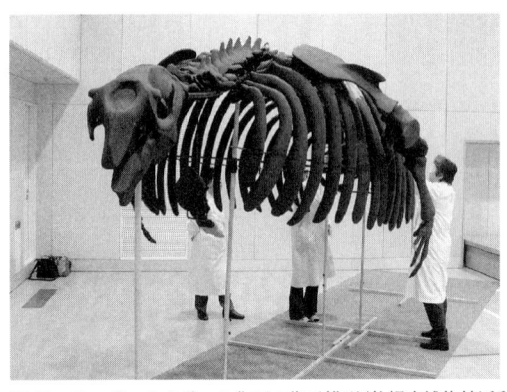

図25　サッポロカイギュウ化石の復元模型(札幌市博物館活動センター提供)

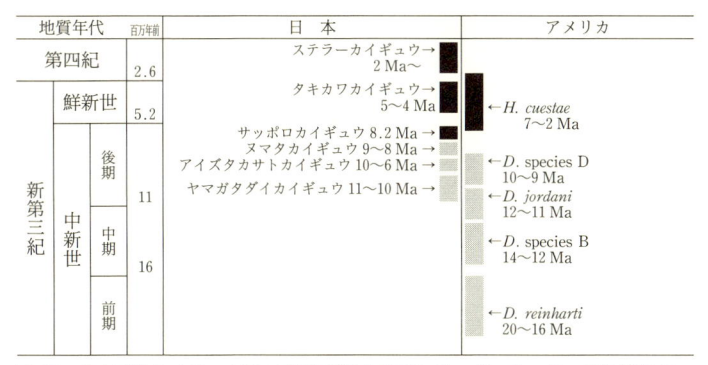

| 地質年代 | | 百万年前 | 日 本 | アメリカ |
|---|---|---|---|---|
| 第四紀 | | 2.6 | ステラーカイギュウ→<br>2 Ma〜 | |
| 新第三紀 | 鮮新世 | 5.2 | タキカワカイギュウ→<br>5〜4 Ma | ←*H. cuestae*<br>7〜2 Ma |
| | 中新世 後期 | 11 | サッポロカイギュウ 8.2 Ma →<br>ヌマタカイギュウ 9〜8 Ma →<br>アイヅタカサトカイギュウ 10〜6 Ma →<br>ヤマガタダイカイギュウ 11〜10 Ma → | ←*D.* species D<br>10〜9 Ma<br>←*D. jordani*<br>12〜11 Ma |
| | 中新世 中期 | 16 | | ←*D.* species B<br>14〜12 Ma |
| | 中新世 前期 | | | ←*D. reinharti*<br>20〜16 Ma |

**図 26** 北太平洋カイギュウ類の系統図（黒色線はヒドロダマリス属，灰色線はドゥシシーレン属の生存期間）

札幌から発見された〝サッポロカイギュウ〟は産出した肋骨の計測値から，体長が 7 m を超えるヒドロダマリス属に分類されました。産出年代は化石のすぐ下から産出した凝灰岩から 820 万±30 万年前（フィッショントラック年代）という値が測定されています。これまで世界各地から産出しているヒドロダマリス属の化石は 700 万年より古いものはなく，サッポロカイギュウが最古のヒドロダマリス属になります（図 26）。

北海道沼田町からはおよそ 900 万年前のヌマタカイギュウと呼ばれるドゥシシーレン（*Dusisiren*）属が発見されており，サッポロカイギュウはドゥシシーレン属からヒドロダマリス属へ大型化した時期と場所を明らかにする標本としても重要です。サッポロカイギュウは北太平洋の西域において，およそ 500 万年前のタキカワカイギュウ，70 万年前のステラーカイギュウへと進化しました。しかし，1768 年，人間の乱獲によりベーリング海で絶滅しています。

（古沢　仁）

# 3 定山渓温泉周辺

見どころ　　札幌の奥座敷といわれる定山渓(じょうざんけい)温泉周辺は，札幌市のなかでもっとも古い地層が顔をだしているところです。この岩石は北海道西部地域の基盤をつくるもので，かつては深海のなかにぽつりぽつりと小島となって分布していました。これが，古定山渓島です。

また，1,000万年ほど前に地中深くでゆっくり冷えてできた石英斑岩(はんがん)と呼ばれる，石英の結晶がたいへん大きな岩石がこの付近に分布し，その岩間から温泉が湧きだしています。静かな温泉街のなかで，ひっそりと横たわるこれらの岩石を観察してみましょう。

地形図　　2.5万分の1「定山渓」
　　　　　5万分の1「定山渓」

交　通　　定山渓温泉までは札幌駅および地下鉄「真駒内(まこまない)」駅からじょうてつバス。定山渓温泉下車

コース　　①定山渓温泉―(4.5 km)→②薄別橋(うすべつ)

3 定山渓温泉周辺　51

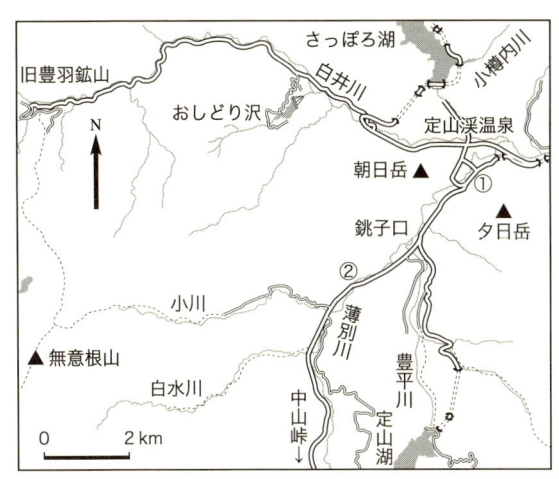

図27　定山渓温泉周辺の案内図

## ①定山渓温泉付近——温泉と石英斑岩

　定山渓温泉はその名の由来である修験僧「美泉定山」が，1866(慶応2)年に仮小屋の天然浴場を開いたのが始まりで，明治維新となり開拓使の許可と支援を得て，その基礎が築かれました。泉質は含ホウ酸食塩泉で，最高泉温は90℃近くあります。

　定山渓温泉付近の豊平川には，薄別川，白井川，小樽内川が合流し谷幅が広がることから，河岸段丘の発達が良好で，高位・中位・低位の3段の段丘面が認められます。

　高位面は，定山渓神社や市水道局の浄水場，配水池などをのせる面で，形成以降もっとも時間的経過を経ているために開析が進み，山際沿いなどにわずかに残されています。

　中位面は，この付近ではもっとも広く分布する面で，国道など主要幹線道路と温泉街の主要部分をのせ，平岸面に対比することができ，河床面からの比高は25mほどです。

**図 28** 温泉街(定山渓大橋から上流側を眺める)

　低位面は，同じく比高は5mほどで，定山渓ビューホテル・章月グランドホテル・ホテル鹿の湯，月見橋などをのせる面です。

　なお，温泉街一帯は周囲の朝日岳・夕日岳などや，河岸段丘の崖および河床などすべてが，1,000万年前ごろに形成された石英斑岩のひとつの岩体で構成されており，定山渓岩体と呼ばれています。

### (1)定山渓温泉中心街——豊平川沿いの変質岩と泉源

　定山渓大橋から月見橋付近までの豊平川の河床には，石英斑岩が一面に露出しています。岩体の割れ目より温泉水が湧出しており，現在60か所弱の泉源があります。湧きでたものを泉源ごとにタンクにためて使用しており，大橋下の吊橋(高山橋)や月見橋の上などから，これらのタンクや配管などを眺めることができます。温泉はホテルなどで実際に入浴し確かめることができますが，最近では無料で楽しめる足湯・手湯も数か所に設置され利用できます。

　温泉の由来などを知り，足湯以外の方法も楽しむのであれば，月見橋のたもと(国道側)の「定山源泉公園」がおすすめです。月見橋の上流では二見吊橋やかっぱ淵で渓谷美を鑑賞することができます。散策路から河原に下りて確かめてみると，石英斑岩はところどころで著し

**図29** 銚子口付近国道沿いの石英斑岩大露頭

く変質してグサグサになっており,そろばん玉のような形の石英の斑晶を取りだすことができます。なお,近くには定山渓小学校があり,その校舎の一部は「定山渓郷土博物館」となっており,温泉街に関する道具・資料のみならず,旧定山渓鉄道・旧営林署に関する貴重なものも残されています。

### (2) 銚子口——石英斑岩の露頭

豊平川と薄別川の合流点付近は,川が下流で峡谷状に狭まり,その形状から酒の銚子にちなみ「銚子口」と呼ばれています。国道と豊平峡ダムへの分岐点付近に大きな露頭があり,石英斑岩がみごとな柱状節理を見せています(図29)。この付近は岩体の南西縁にあたります。

### ② 薄別橋付近——道南の基盤岩

北海道西部・道南の山地には,今まで見てきた中新世の地層より,はるかに古い基盤岩と呼ばれる岩石があちこちに顔をだしています。国道230号薄別橋の下流付近に小さく分布するものが,そのひとつで薄別層と呼ばれています。

橋から河原に下り下流へたどると,古第三紀漸新世の白水川層の下

**図30** 道南の基盤岩である中生代の薄別層

位に不整合関係で,石英脈をともなう急立した硬質の黒色泥岩と灰色の細粒砂岩との互層が露出し,下流へ続いています。これが薄別層で,中生代ジュラ紀〜白亜紀初期のころに,海溝付近で堆積したタービダイトと考えられています。

薄別層を含む道南地域の基盤岩は古生代石炭紀〜中生代ジュラ紀(3億〜1.5億年前ごろ)の海洋の地層で,プレート運動によりジュラ紀から白亜紀初期にかけてのころの大陸の縁にたたみこまれるように形成された付加体の一部です。

砥山ダム下流の海底土石流堆積物中に,陸からもたらされた礫としてこの薄別層の硬質泥岩が取り込まれていることなどから,1,000万年前ごろの海陸分布を考えた場合,定山渓温泉付近が陸地をなして薄別層や石英斑岩が顔をだし,その周辺の海に礫などの土砂が運ばれたことを示しています。この陸を古定山渓島と呼んでいます。

薄別層は,銚子口の南にある豊平峡温泉のボーリングの深度295m以下,温泉街東側の夕日岳の東斜面にも分布が認められ,地下深

**図31** 定山渓ダム〝さっぽろ湖〟と札幌岳

部などでの広がりが示唆されます。

　薄別層の地表での分布は300 mたらずで，その下流の豊平川の分岐点付近まで1.5 kmの間には凝灰角礫岩・火山角礫岩(火砕流堆積物)および火山性砂礫岩(土石流堆積物)からなる白水川層，凝灰質泥岩・同質砂岩泥岩互層および軽石凝灰岩の白井川層が順次分布しています。これらの地層は定山渓層群の下部を構成し，中新世前半と考えられています。層厚は300 mあまりで，緑色変質したいわゆるグリーンタフ層と呼ばれるものです。

**★周辺のそのほかの見どころ**

　定山渓温泉の北側には小樽内川を堰止めて誕生した定山渓ダムとダム湖(さっぽろ湖)(図31)があり，「支笏洞爺国立公園」に指定されています。そしてダム堤下には「定山渓ダム資料館(電話：011-598-4095，4月下旬〜10月末)」があり，ダム建設の経過などを知ることができます。

(岡　孝雄)

## 豊羽鉱山

**図 32** 閉山後の豊羽鉱山風景

　豊羽鉱山は1914(大正3)年に久原鉱業(現日鉱金属)により開発が始まりました。2005(平成17)年の時点では，鹿児島県の菱刈鉱山(金・銀)とともに，日本における最大規模の金属鉱山として稼働していました。鉱床は鉛・亜鉛・銀を主体とし，金・錫・タングステン・インジウム・ビスマス・モリブデン・コバルト・ニッケル・ガリウムなど多種多様な貴金属・レアメタルを含むことで知られています。とくに液晶や半導体などの材料になるインジウムの産出量では世界最大でした(年間100トン規模)。しかし資源枯渇を理由に2006年3月に閉山しました。最盛期の1970(昭和45)年ごろには，社員600名とその家族など約3,000人が鉱山周辺に暮らしていました。

　現在では鉱山事務所などの建物と坑道口が残され，坑内水の処理が続けられています。関連施設としておしどり沢(図27)に鉱さい堆積場，石山地区には石山選鉱場跡などがあります。　　　　(岡　孝雄)

# III 当別川沿い，道民の森方面へ

石狩丘陵南端(獅子内)の土取場——西に傾斜する当別層の上に不整合で重なる段丘堆積物(石狩高岡層)(岡　孝雄撮影)

# 1 太美から弁華別へ
――10万〜500万年前の石狩平野をとらえる――

見どころ　　　石狩丘陵の南部の地質は，背斜構造と呼ばれる北北東‐南南西の軸をもって隆起しています。軸部には1,000万〜300万年前の望来層と当別層が分布し，その外側に200万〜70万年前の材木沢層が広がっています。これら新第三紀から第四紀前半の地層群を侵食して，傾斜不整合と呼ばれる関係で，数十万年前以降（中〜後期更新世）の高位段丘堆積物（伊達山層）および中位段丘堆積物（石狩高岡層）が堆積しています。

　　　　　　　さらに，周辺の石狩川や当別川沿いの低地には，約1.1万年前以降の後氷期（後期更新世末〜完新世）に堆積した沖積層が分布しています。また，中〜後期更新世の段丘堆積物が下位の地層群の構造と同様に東西へ傾いていることから，本地域における地殻変動による褶曲が現在も進行していることがわかります。

地形図　　　　2.5万分の1「太美」・「当別」・「弁華別」
　　　　　　　5万分の1「石狩」・「当別」

交　通　　　　全体を通しての公共交通機関（JR・バス）はないので，車が唯一の移動手段。

コース　　　　石狩太美駅前―(3.5 km)→①獅子内土取場―(4 km)→

1 太美から弁華別へ　59

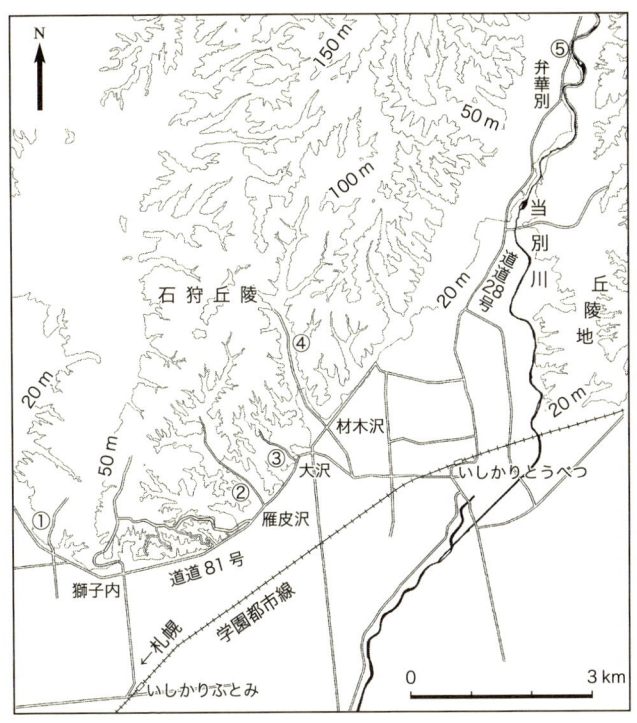

**図1**　太美から弁華別への案内図

②雁皮沢—(1 km)→③大沢—(3.5 km)→④材木川—(8 km)→⑤弁華別

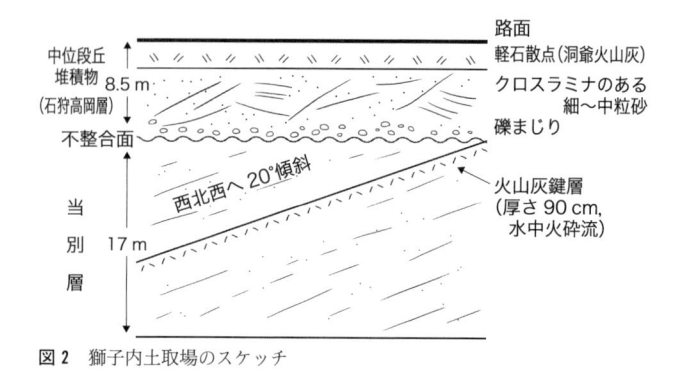

60　Ⅲ　当別川沿い，道民の森方面へ

```
                                          路面
中位段丘 ─────────────────────          軽石散点(洞爺火山灰)
堆積物 8.5 m                              クロスラミナのある
(石狩高岡層)                              細〜中粒砂
不整合面                                   礫まじり
        西北西へ20°傾斜               火山灰鍵層
当                                       (厚さ90 cm,
別  17 m                                  水中火砕流)
層
```

**図2**　獅子内土取場のスケッチ

### ①獅子内土取場──当別層と段丘堆積物の不整合関係

　太美は古くから微褐色の温泉で名が知られ，アルカリ単純泉に近い弱食塩泉です。現在は札幌のベッドタウンとして開発が進んでいます。その市街を北に進み交差点を西へ1.5 kmほど進むと大きな土取場が右手に現れます。また，ここは古くからの地質見学地で，段丘堆積物や当別層と材木沢層，不整合関係の観察地点となっていました。

　しかし，当別層と材木沢層の不整合は，土砂採取により露頭がなくなってしまい，観察することができません。現在では，西北西へ約20°傾斜した当別層とその上の中位段丘堆積物が，不整合関係で堆積しているのが観察できます(本章の扉写真と図2)。中位段丘堆積物は，石狩高岡層と呼ばれています。

　不整合面の下は当別層の中部に相当し，主に貝類などの生物による擾乱(じょうらん)の進んだ，泥まじりの極細粒〜細粒砂岩で構成された浅海性(陸棚)の堆積物です。そのなかに特徴的な厚さ90 cmの火山灰(水中火砕流(かさいりゅう))を1枚はさみ，これが鍵層となってほかの地域との比較の際に決め手となります(図3)。

　石狩高岡層の形成年代は，最終間氷期から最終氷期初期(13万〜8

**図3** 当別層中の火山灰鍵層（スケールのある地層）

万年前ごろ）のもので，上部層の基底部に約11万年前の洞爺火山灰をはさんでいます。

なお，丘陵の中軸部は一段高い高位段丘になっており，それとの段差部となっている土取場の東側では，段丘面の傾斜が変換するゾーンとして東北東へ長く追跡していくことができます。

**②雁皮沢口──獅子内の貝化石産地**

①から当別市街方面へ道道81号を4kmほど進むと，スウェーデンヒルズへ東側からあがる道路との分岐点である雁皮沢口に着きます。

川沿いに約400m入って川をわたり，林の斜面を登ったところに，古くから知られた"獅子内貝化石産地"があります。化石採取が繰り返され，現在では掘りあげた土砂のなかに貝化石の破片がまじる程度の状態です。立派なものは採取できませんので，環境保全を考慮し，眺めるだけにしましょう。

もっとも多く産出するのは二枚貝のエゾタマキガイで，そのほかエ

**図4** 伊達山層露頭(大沢口の土取場)

ゾイガイ,ホタテガイ,巻貝であるエゾサンショウガイなど数十種の貝化石の産出が報告されています。なお,この"獅子内層"と呼ばれる含貝化石砂礫層(きれき)の形成年代とその取り扱いについては,本書では伊達山層に含めて扱っています。

**③大沢口**──高位段丘堆積物(伊達山層)

雁皮沢の北東の大沢入口北方に,高さ30mあまりの大きな土取場露頭があります(図4)。露頭の主部は細粒砂と泥の互層または板状層理(そうり)のある泥質層になっており,その最上部には泥炭または植物破片の多い層をはさんでいます。ところどころで砂礫層がレンズ状にはさまれているところから,河川が流れこんでいた潟湖(せきこ)(ラグーン)周辺の環境であったことを示しています。

このような堆積物は当別市街北東の伊達山で見られる伊達山層(中期更新世の間氷期堆積物,層厚60m)と,同時代のものと考えられます。なお,最上部を占める灰白色や褐色の粘土〜砂質粘土は高位段丘面に

図5 材木沢層露頭

広く追跡できることから，風で運ばれた火山灰が風化した堆積物で，ローム層とも呼ばれます。

**④材木川**——200万～100万年前の浅海・河川堆積物

大沢口から1kmあまり進むと，材木川入口に達します。この川は丘陵を深く削り込んでおり，俊別背斜の東翼側の地質状況を詳しく観察できます。川の本流と高岡越えの道路分岐点付近より奥には当別層が分布し，その下流には材木沢層がそれぞれ30°前後の南東傾斜で分布しています。ここは，材木沢層の模式地となっています。

材木沢層は層厚が650mを超す，厚い地層です。下部は一般に板状泥岩，極細～細粒の砂岩，そして両岩相の互層によって構成され，浅海(内湾)～潟湖の環境を示しています。上部は主にラミナのある礫～砂礫からなり，三角州(デルタ)など河口～河川の環境を示します。

沢口から1.5km奥の道路東側に大きな露頭があり(図5)，材木沢層の50mあまりの厚さの部分が観察できます。露頭の主部は材木沢

**図6** 弁華別の砂利採掘風景（現在は田畑に復元）

層の下部に相当し，シートまたはレンズ状の礫岩，また生物の擾乱を受けた砂岩泥岩互層，さらに斜層理のある砂岩によって構成されています。スランプ褶曲などが認められるところから，海浜環境（潮汐の影響のある上部外浜～前浜）を示しています。露頭最上部は材木沢層の上部で，生物による擾乱された砂岩をともなう礫岩が主体で，三角州の近傍の環境と見なされます。

### ⑤弁華別——当別川とファンデルタ

当別川は道道28号にかかる青山橋付近より下流で沖積低地の幅が徐々に広がり（図1），当別市街付近では4kmに達します。その形は扇状地状を示しています。扇状地面の標高は青山橋付近で30m，当別市街付近で15mほどとなり，その勾配は1/1,000です。

現在の当別川はこうした扇状地面を5～10mほど削り込んで，幅100m前後の氾濫原をともないながら流れています。このため，大部分の扇状地面は，現河床からは段丘化して高く見えます。

図7　弁華別北方より広がる扇状地性の低地

　このような段丘化した地形は、現在ほとんどが農地として利用されています。しかし、地下には厚い扇状地性の礫層が存在するために、一時期盛んに採掘されました(図6)。これらの礫層は、樺戸山地の岩石を起源とする礫で構成されており、また巨木が多数はさまれていることなどから、相対的な土地の隆起や、洪水を頻発させた過去の気候を反映した堆積物と考えられます。

　この面は札幌の平岸面に類似することから、その形成時期としては1万年前ころ以降と推定されますが、詳しい調査は行われていません。

　なお、この面は石狩丘陵など周辺の小河川の扇状地状の小地形とも重なって複合的なものです。また、広く見ると前面に潟湖や湿原が存在したことから、一種のファンデルタ(Ⅸ章3節参照)をなしていると思われます。

（岡　　孝雄）

## 2 当別ダムから青山中央へ
——活断層を裏づける河岸段丘面の変動——

見どころ　当別川中流域では,文部科学省交付金事業(1999・2000年度)により,北海道は活断層調査を実施しました。その結果,南北方向に総延長20 kmを超す活断層である当別断層の存在と,詳しい地質の様子がわかってきました。

またこの付近の当別川沿いには,5段の河岸段丘が発達しています。その地形面が活断層の運動にともない,変動していることが認められます。

地 形 図　2.5万分の1「当別」・「弁華別」・「青山中央」・「二番川」
5万分の1「当別」・「月形」

交　　通　全体を通しての公共交通機関(JR・バス)はないことから,車が唯一の移動手段。

コ ー ス　①当別ダム—(10 km)→②青山中央神社跡—(2 km)→③青山奥橋—(1.7 km)→④青山奥休憩所

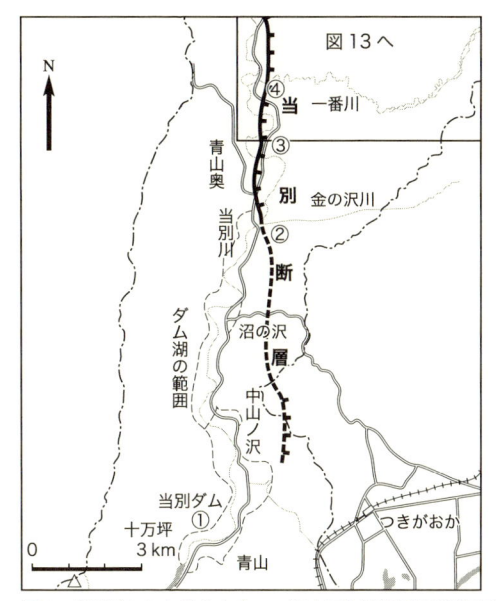

**図8** 当別ダムから青山中央への案内図と活断層（当別断層）

### ①当別ダム（建設中）——ドーム構造を切る峡谷

　この付近の地質は、ほぼ南北性の当別向斜と、それに近接して中小屋ドーム構造と呼ばれる短い軸をもった背斜が存在します。ドームは東に急で、西にゆるい非対称の形態で、しかも西〜南西に限定され、東翼側に当別断層をともなうことから、半ドーム構造とも呼ばれます。

　当別向斜の主部には、当別層の下位に泥岩主体の望来層および海緑石砂岩を主とする盤の沢層が分布しています。

　当別川は十万坪地点付近で、このドームの北部を峡谷を形成して南下しています。ここは谷底幅が300 mと狭く、地質的には比較的強固な硬質砂岩（望来層に含まれる）であるということから、当別ダム（高さ52.0 m）が計画され、2012年度の完成をめざして建設が進んでいま

図9 中山ノ沢付近の低位段丘堆積物中の厚い泥炭(上部の黒色水平層)

す。ダムの目的は洪水調節，農業用水および水道用水の供給です。

　ダム建設にあたっては，活断層による地震の影響の有無が問題となります。当別断層の位置は，ダム堤体の東方4kmと離れていることから影響はないと考えられています。ただし，当別断層が活動した場合には，堤体およびダム湖がともに断層の上盤側に位置することから，地震動による揺れは大きくなるので注意が必要です。

　水没する中山ノ沢付近の低位段丘面の堆積物中には，当別川の古い氾濫原(はんらんげん)で形成された厚い泥炭層がともなっていました。砂利採取の掘削の際に現われた様子を図9に示します。

## ②青山中央神社跡──活断層で切断された河岸段丘

　活断層としての当別断層は，青山奥の二番川入口付近から南に向かい当別ダム建設箇所東方に至り，そこから斜めに尾根を通過し，石狩(いしかり)川(がわ)流域の中小屋(なかごや)から金沢(かなざわ)付近に至ります。青山中央のダム湖末端付近より北が当別断層a(長さ8km)で，ダム湖中央東方丘陵内より南が当

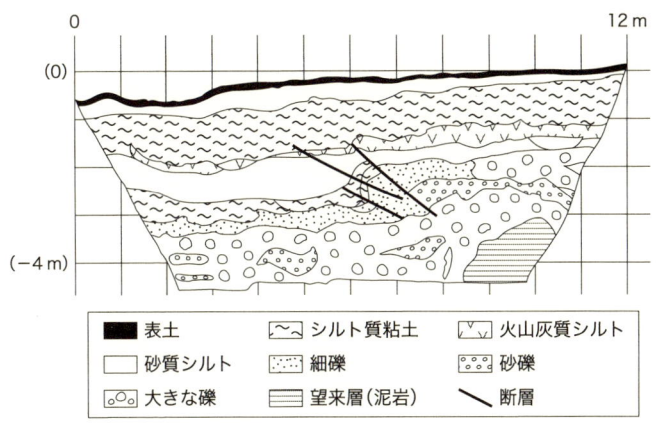

図10 当別断層のトレンチ調査（青山中央神社裏，2000年秋）

別断層b（長さ約15 km）と呼ばれています。

　当別断層は，南北方向の当別向斜の東翼側に形成された西あがりの逆断層で，新第三紀層の内部ではほぼ地層面の方向にずれていることから，層面断層と呼ばれます。青山中央〜二番川入口付近では5段の段丘面と現河川氾濫原が認められます。当別断層はこれらのうち，5万〜5,000年前ごろに形成された段丘面の切断・傾動などの変位をもたらしました。すなわち，これらの段丘面は，1〜数回の断層活動を受けたことを意味します。

　金の沢川と当別川との合流点付近の段丘面は現河床から比高13 mほどのところにあり，青山神社はここにあります。段丘面は北東方向に1 mあまり撓んで，低くなっていました。この撓曲部を横切るように溝を掘って，活断層の実体を調べるトレンチ調査が実施されました。この段丘を構成する厚さ4 mほどの砂礫・泥などからなる地層変位の観察，および採取試料の放射性炭素年代測定などをもとにして，活動周期4,500〜7,500年・最新活動期5,000年前の当別断層の活断

図11 旧青山中央神社下の河床露頭と当別断層 a(破線)

層としての活動が解析されています。このように地震がくりかえして発生したのです。なお，トレンチ箇所下の河床では，当別断層 a を境にして北西に傾斜30°前後の望来層と当別層が接していることが観察できます(図11)。

③**青山奥橋**——断層で接する当別層と望来層

ここでは当別川が東西に流れるため，川をはさみ北側から眺めると観察部分の全体像がよくわかります。河床よりの比高約8mの段丘面(T6)が，厚さ2～3mの礫層とともに西に向かって高くなっています。なお，河床から50mあまりの比高の段丘面はT3面です。

そのような面の傾き変換部の下では，ほぼ水平またはゆるく西へ傾く当別層の砂質泥岩(東側)と40～45°西傾斜の望来層の泥岩が接しています。両層の接触面そのものは草や土でおおわれているため観察はできませんが，この間が当別断層 a です。

図12 青山奥橋の西で当別川を横切る当別断層a(破線)

**④青山奥休憩所**──段丘面と変位の累積

　この付近はダム湖上流域で，農家の屋敷跡が休憩所となっています。ここから北に向かって5万年前以降の3段の段丘が分布しており，それらを横切って当別断層aが南北方向に通過します。

　休憩所が建っている一番低い段丘面には変位は認められず，次に高い段丘面に約3mの西側上昇の変位，もっとも高い段丘面に6m程度の西あがりの変位があり，高い地形面ほど断層の変位が大きくなっています。高い段丘はより古い時代に形成されたものですから，変位が累積して大きくなったものであることを示すものです。

（岡　孝雄）

## 3 一番川沿いに道民の森へ
――むかしの樺戸山地(島)と周辺の海をさぐる――

見どころ　　道民の森では，石狩管内でもっとも古い1億数千万年ほど前(白亜紀前期)の隈根尻層群の地層を見ることができます。

またここでは1,600万～600万年前ごろ(新第三紀中新世前半～後期中新世)の奔須部都層・須部都層・一番川層・望来層・当別層などの地層群が分布し，日本海拡大に関連した樺戸山地の島としての始まりや，周囲の海の堆積環境の変化などを知ることができます。

コース終点付近は「道民の森」一番川地区と呼ばれ，アウトドアレクレーション施設が整っています。キャンプや登山をしながら，地質の学習を大いに楽しんで下さい。

地 形 図　　2.5万分の1「青山中央」・「二番川」・「ピンネシリ」
　　　　　　5万分の1「月形」

交　　通　　全体を通しての公共交通機関(JR・バス)はないことから，車が唯一の移動手段。

コ ー ス　　①一番川入口―(2.3 km)→②清流橋―(1.9 km)→③道路分岐点―(1.5 km)→④渓流広場―(1.2 km)→⑤，⑥「道民の森」広場―(2.2 km)→⑦樺戸界山

3 一番川沿いに道民の森へ　73

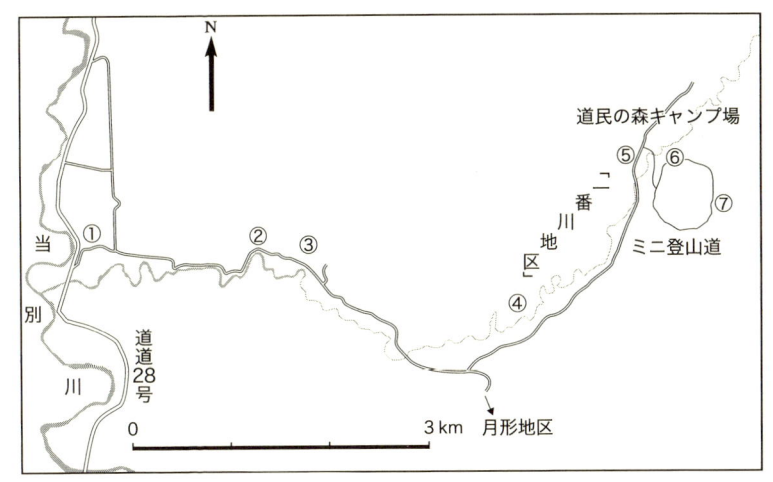

図13　一番川沿いの案内図

### ①一番川入口——活断層露頭と断層崖

　この付近には，活断層にともなう南北方向の隆起丘と構造谷が存在しています（図14）。構造谷とは，河川の侵食でできたものではなく，断層や褶曲によって形成された谷のことです。

　「道民の森」開設による新道路の建設にともない，この隆起丘を北東‐南西方向に掘削する切割ができました。現在では芝におおわれ詳細な観察は困難ですが，当時は詳細な地質のスケッチを描くことができました。

　東端では，厚さ3～5mの段丘礫層が構造谷に向かって急激に下るのが観察できます。さらに下では段丘礫層の上位に望来層の泥岩が重なり，地層の新旧逆転が生じています。また，この付近全体では段丘礫層がS字状に変位し，その垂直変位量は10m程度と推察できます（図15）。逆転部の段丘礫層と望来層の境界面は断層で，その走向は北

74　III　当別川沿い，道民の森方面へ

**図14**　断層崖(一番川入口，東方から眺める。急斜面が断層崖)

から20°東へ，傾斜は30°前後西側に傾斜しています。境界面下の望来層では，幅約3mにわたって断層活動により破砕が進んでいます。
**②清流橋——半深海に堆積した層状珪質頁岩**

　道路沿いと一番川の河崖には，望来層の露頭があります。ここは硬質頁岩(けつがん)と軟質泥岩との互層からなり，層状珪質(けいしつ)頁岩と呼びます。海底斜面から海盆底に堆積した半深海成堆積物と見なされます。下位の一

**図15**　入口の活断層露頭

**図16** 一番川層の砂岩層

番川層と比較すると,粒度がより細かいところから,海がより深くなったことがわかります。このような珪質頁岩の成因は,深層水がわきあがる環境のなかで,増殖した珪藻(けいそう)が遺骸となって大量に沈殿したものと考えられています。

③**道路分岐点**——浅海に堆積した一番川層

清流橋から0.5kmおよび1.4kmの道路北側にそれぞれ大きな露頭があり,一番川層の観察ができます(図16)。砂岩層は砂質泥岩をともなう極細粒〜細粒砂岩を主体とし,さまざまな堆積構造が認められ,全体としては浅海(陸棚〜海浜)の堆積物と見なされます。

④**渓流広場**——陸棚から堆積盆底に堆積した奔須部都層

渓流広場付近では川が細かく蛇行して流れています。川が河岸段丘を削り込むところでは,奔須部都層(1,600万〜1,400万年前ごろ:中期中新世の初期)の泥岩が露出しています。この地層は,ひとつの海進から海退を反映した堆積物と見なされ,堆積シーケンスと呼ばれています。この泥岩は熱帯〜亜熱帯に生息するビカリアなどの貝化石を産出することから,気候が温暖期となり海水準が高くなる海進時のものと

図17 樺戸層の礫岩層

考えられています。

⑤「道民の森」広場入口の小峡谷──樺戸層と青山玄武岩

　樺戸層は石狩炭田の石狩層群とほぼ同じ時代に形成された石炭をはさむ地層で，その時代は4千数百万年前ごろ(古第三紀始新世の中ごろ)と見なされています。この付近の樺戸層は，礫岩層(図17)をはさむ緑色を帯びた細粒の砂岩層で構成されています。

　青山玄武岩は一部角礫状をともなう塊状で，自ら破砕したような産出状態を示しています(図18)。ここで採取した試料のカリウム－アルゴン法による放射年代測定の結果，1,500万年前の年代が得られました。しかし，岩石が変質を受けていることや上位の奔須部都層との関係から，これよりさらに古い時代(中新世前期)に形成されたと考えられています。

　青山玄武岩は日本海の拡大と関連する火山活動の産物ではないかと考えられており，正確な年代測定が望まれています。

⑥「道民の森」広場──樺戸山地の中核をなす隈根尻層群

　隈根尻層群は石狩低地帯東部の地下にも分布し，基盤の地層となっ

**図18** 日本海拡大時期の火山活動(青山玄武岩)

ています。また樺戸山地の中核であるピンネシリや隈根尻山などをつくる古い地層で，年代は火山岩類のカリウム－アルゴン法による放射年代測定および放散虫化石から，中生代後半の前期白亜紀(1億数千万年前ごろ)の時代のものと見なされています。

　この地層は，「道民の森」広場付近ではキャンプ場南側を流れる川の河床に露出していますので，近づいて見てみましょう。主に黒色の硬い泥岩からなり，石英質の砂岩もはさみます。1億年を超す長年の

**図19** 一番川「道民の森」広場

**図20** 樺戸界山の山頂付近よりピンネシリ(中央)と神居尻山(左の奥)を望む

変動を受けた結果，小さな褶曲を繰り返したり，破砕面をともなったりしていることがわかるでしょう。

### ⑦樺戸界山——登山道と地質

一番川「道民の森」広場からは，川の東岸側の樺戸界山(標高414m)が手軽に整備されたミニ登山道(2.2 km・約2時間)となっています。行きは自然体験キャンプ場の小橋から川を渡り，登山を開始します。

最初は隈根尻層群の分布域の尾根筋を進みますが，あがるにつれ眺望が開け，1,000 m級の樺戸山地の峰々(ピンネシリ，1,100 m；隈根尻山，971 m)をとらえることができます(図20)。

山頂に近くなると登山道は急傾斜となりロープ階段がつけられていますが，このあたりには樺戸層が分布しています。そして山頂部にたどり着くと，そこは青山玄武岩で構成されています。

帰りは，南東方向の比較的なだらかな青山玄武岩で構成された尾根沿いを下ります。途中に樺戸層の礫岩および奔須部都層の泥岩の小露頭がところどころに認められます。

(岡　孝雄)

# Ⅳ 藻岩山と手稲山

藻岩山を南東方向から望む。スキー場をはさみ，溶岩流が手前に二手に流れてきたことがわかる。（中川　充撮影）

# 1　藻岩山

見どころ　　標高531 mの山頂をもつ藻岩山は,身近な登山コースやスキー場として札幌市民に親しまれていますが,古くは,アイヌの人たちが深く信仰した山(インカルシペ:いつも眺めるところ)でもありました。藻岩山は,山麓から中腹の大部分が,新第三紀の400万年前ころに噴出した火山岩を土台にし,それを貫いて安山岩の溶岩がつくった火山です。本書では,これを藻岩火山と呼ぶことにしました。溶岩は山頂部から南東方向に2つの稜線をつくって流れ下り,その間には藻岩山スキー場のある浅い谷が広がります。

地 形 図　　5万分の1　2.5万分の1「札幌」

交　　通　　札幌駅からじょうてつバス「定山渓線」に乗車,「南33条西11丁目」で下車。北の沢へは,地下鉄真駒内駅から,じょうてつバス「藻岩山手線」に乗車,「道路管理事務所」で下車。

コ ー ス　　南33条西11丁目―(50 m)―①軍艦岬―(0.7 km)―②藻岩山スキー場入口―(約1.2 km)―③スキー場駐車場,登山口「雪友荘」―(約0.5 km)―④尾根付近―(約1.5 km,登り30分)―⑤藻岩山山頂―(約3 km)―⑥北の沢スキー場　麓へはじょうてつバスで移動

1 藻岩山　81

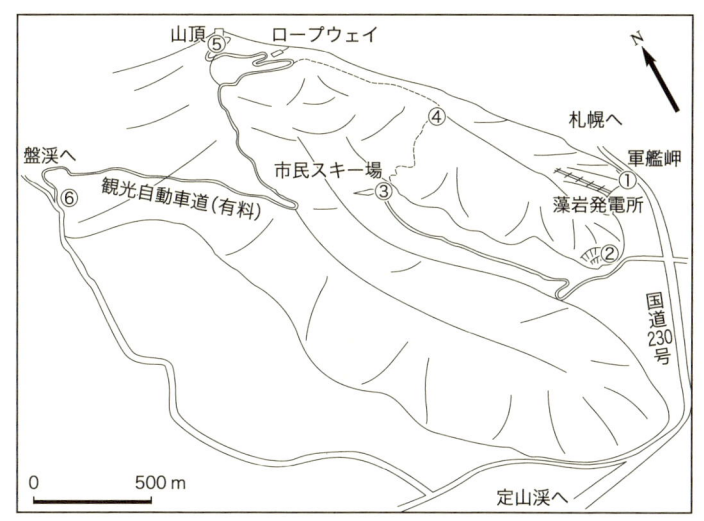

図1　藻岩山の案内図

## ①藻岩山「軍艦岬」

　藻岩発電所の北側に「軍艦岬」と呼ばれる切り立った崖があります。バス停の近くにある歩道橋をのぼると，目の前に軍艦岬のごつごつした崖が見え，縦に割れ目の走る柱状節理が発達していることがわかります。近づいて岩石を割ってみると大粒の鉱物が斑点状に含まれる安山岩です。鉱物は，平らな面で反射して白く見えるのが斜長石，丸く貝殻状に割れて半透明に見えるのが石英です。そのほか黒色で柱状の輝石が含まれています。軍艦岬の安山岩は藻岩火山をつくった最初の溶岩です。

## ②藻岩山スキー場入口──藻岩火山の土台となった岩石

　藻岩山スキー場の入口にはかつて大きな採石場がありました。今はほとんど露頭は見られませんが，わきの斜面を登っていくと当時の採石場の名残があり，岩石を採集することができます。柱状や板状の節

**図2** 採石場跡のデイサイト溶岩

理の発達した溶岩です。近づいてみると長柱状で黒色にきらめく大小の角閃石の結晶がめだつデイサイトという岩石で，軍艦岬で見られた安山岩より珪酸に富むことが特徴です。

この岩石は約 400 万年前の火山噴火でできた火山岩で西野層と呼ばれ，藻岩山の土台となっています。ここでは陸上で噴出した溶岩の特徴を示しています。五輪大橋下や藻南公園など豊平川の河岸で見られる西野層は，海底で噴出したことを示す特徴が認められ，ハイアロクラスタイト（水冷破砕岩）を主としています。当時は浅海での噴火とともに，藻岩山の山麓から中腹にかけては海上に顔を出した火山島であったことが想像できます。

**③藻岩山スキー場**——最終氷期につくられた山麓緩斜面

宅地化が進む藻岩下からスキー場にかけては，なだらかで幅の広い斜面が続きます（図3）。これは最終氷期の風化・侵食作用によって形成された山麓緩斜面で，藻岩山山頂や尾根をつくる溶岩それに火山灰などが崩れて堆積しています。その堆積物はスキー場の駐車場わきで観察され，山頂付近の溶岩から運ばれた数十 cm 以上の巨礫として点在しています。また，スキー場の手前にある私有地駐車場わきの露頭

図3 溶岩流地形を侵食してできた山麓緩斜面

図4 インブリケーションの発達する山麓緩斜面堆積物

では，シルトを基質とした堆積物のなかに平板状の角礫が一定方向に並ぶ構造(インブリケーション)が見られ，角礫の流れてきた方向がわかります(図4)。

#### ④尾根付近——藻岩火山の溶岩流

スキー場の雪友荘から始まる登山コースを登ると，尾根近くの道路沿いで板状節理の発達した安山岩が観察できます。この岩石は尾根沿いに広がる溶岩の一部で，山頂の噴火口から流れてきた溶岩流の末端付近にあたります。この岩石を近くで観察すると白色の斜長石，黒色柱状の輝石，黄緑色に透き通ったかんらん石を見つけることができます。一般にかんらん石は，珪酸に乏しい玄武岩にしか見られない鉱物で，藻岩火山のような安山岩に含まれるのはめずらしいことです(図5)。

#### ⑤藻岩山の山頂——山頂をつくる溶岩

山頂まで登ると展望台からは北方の眼下に札幌市内の絶景が広がり，さらに南方遠くには恵庭岳など周辺の山々の眺めを楽しむことができます。"インカルシペ"と呼ばれたことを実感することができます。

山頂をつくる岩石は，駐車場わきの金網でおおわれた露頭で観察できます。ここは柱状節理の発達した安山岩です。この岩石に含まれる

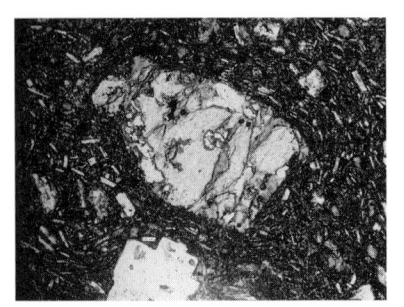

**図5** かんらん石の顕微鏡写真(横巾は約2mm)

鉱物は斜長石，輝石，かんらん石のほか，丸く半透明な石英を含むことが特徴です。これと同じ岩石は，山頂から北側に下る登山道沿いにも見られ，三十一番お地蔵の近くでは薄くはがれる板状節理が発達しています(図6)。この安山岩は観光道路が走る尾根に沿って点々と露出しており，その末端は国道230号の縁まで達する大規模な溶岩流です。この活動時期は，軍艦岬の安山岩が噴出して間もない約250万年前で，このときに現在の藻岩山の原形がつくられました。

#### ⑥北の沢スキー場──爆発的な噴火の形跡

北の沢のスキー場の麓では，藻岩山の山頂をつくっているのと同じ

**図6** 藻岩山溶岩の板状節理

図7 爆発的噴火で発泡したスコリア

安山岩とともに，赤褐色で小さな穴があいた軽石に似た礫を見つけることができます(図7)。これは軽石よりも珪酸に乏しいことからスコリアと呼ばれ，藻岩山の溶岩流を噴出したのと同じ安山岩質のマグマが，爆発的な噴火によって発泡したことを物語っています。

以上のように藻岩火山は，山頂付近を噴火口にして大きく2回にわたる大規模な溶岩流を噴出させましたが，最後には灼熱のしぶきを吹き上げるような爆発的噴火をともなっていたことがわかります。この爆発的な噴火の噴火口は，北西-南東方向に走る現在の観光道路沿いにあたり，その直線的な割れ目をつたって噴出した可能性があります。山頂からの溶岩流出に始まる火山噴火は260万年から230万年前ころのできごとでしたから，藻岩火山の主体は第四紀の始まり(約260万年前)の時代に活動した「第四紀火山」であることになります。

なお，最後に噴火した溶岩やスコリアのマグマの性質は，軍艦岬溶岩とよく似ていることがわかってきました。つまり，軍艦岬溶岩は年代的にはやや古い時代を示していますが，岩質的には最後にできたとしてもおかしくはない可能性がでてきました。今後の詳しい調査研究が期待されます。

(青柳 大介・岡村　聡)

## 藻岩火山をつくった噴火史

　藻岩山の特徴に，市民スキー場を取り囲むように広がる馬蹄形のなだらかな稜線があります。このような地形は，藻岩山がかつて火山として成長し，その後の氷期を経た侵食作用によって形成されたことを物語っています。藻岩山の形成史を詳しく見ると，①400万年前の火山島〜海底火山，②火山島の隆起にともなう風化侵食，③280万年前の放射状割れ目から安山岩溶岩の噴出，④260万年前の中心噴火による溶岩流出，⑤割れ目噴火による爆発的な噴火，⑥噴火後の侵食作用による火山地形の解体に分けられます。

① 珪酸に富む粘性の強いデイサイト質マグマが上昇し，昭和新山のような溶岩ドームを形成しました。中心は海面から顔をだした火山島をつくり，周囲は浅い海に没しており，激しい海底火山活動を起していました(藻岩下の採石場跡，五輪大橋下)。

約400万年前：火山島の誕生　　約280万年前：山麓からの噴火

**図 8A**　藻岩山をつくった火山噴火の前史

1 藻岩山　87

　　　　　　山頂からの噴火　　　　　　　割れ目からの噴火
**図 8B**　藻岩山をつくった第四紀の火山噴火（約 260 万〜230 万年前）

② 　約 100 万年間の長い噴火の休止期に，隆起と海水準の低下が起こり，山体はすべて陸上に顔をだし，かつての溶岩ドームは風化・侵食作用でなだらかな地形となりました。

③ 　安山岩質マグマの上昇・突きあげによって，山頂を中心とする放射状の割れ目が形成され，山麓に溶岩が流れだし，マグマの通り道には板状の岩脈(がんみゃく)が形成されました(軍艦(ぐんかん)岬など)。

④ 　数十万年間の後，珪酸に乏しい粘性の弱い玄武岩と安山岩の中間的なマグマが上昇し，山頂付近の火口から南東方向に向かって溶岩を 2 回以上流出しました。もっとも大規模な溶岩は，2.5 km 以上の距離を流下しました(観光自動車道に沿う尾根など)。

⑤ 　噴火の最後は，溶岩流の一部に南東方向の割れ目が形成され，新たな溶岩流出とともに爆発的な噴火によってスコリアを放出しました(観光自動車道に沿う尾根〜北の沢スキー場)。

⑥ 　噴火後の 200 万年あまりの時代は侵食作用が進み，最終氷期には山麓緩斜面が形成され現在に至りました(藻岩山スキー場)。

　　　　　　　　　　　　　　　(青柳　大介・岡村　　聡・米島　真由子)

## 藻岩山の森林と植物

　札幌の市街地に隣接する藻岩山（もいわやま）は，そのアクセスの容易さから多くの市民に親しまれています。しかし，この山の植物や森林の一部が天然記念物に指定されていることは，意外と知られていません。札幌の中心部から藻岩山を望んだとき，ロープウェイの右側（山頂から見ると北東側）一帯の森林が，指定された天然記念物です。もっとも利用者の多い慈啓会病院コースをたどるとき，戦後米軍がつくったリフトの台座跡から小林峠および旭山（あさひやま）記念公園への分岐点に至るまでの間に広がる森林が，天然記念物にふさわしい景観をもったところです。

　そこには，シナノキ，イタヤカエデ，ミズナラ，ハリギリなど落葉広葉樹の大木が生育しています。樹木は葉の形や樹皮の様子から種類を見分けることができ，最近は写真入りの使いやすい図鑑が書店に並んでいます。岩石を手に取って眺めるのと同様，樹木に触れて（採ってはいけません），名前を調べながら歩くことで森への親しみは一層増すことでしょう。とくに，高木類は41種が藻岩山で見られますが，この数は北海道全体の高木類78種の53％を占め，北海道の山地に分布する大半の種をこの藻岩山で見ることができます。

　また，草本類やシダ植物も多数生育しています（400種以上）。そのなかでシダ植物は47種見られ，断崖の岩の表面には，クモノスシダ，ニオイシダ，エゾイワデンダなどが生育しています。シダ植物以外にも，分類が難しい仲間ですが，ヒメノガリヤス，タカネガリヤス，コメガヤなどのイネ科植物も生育しています。また，日当たりのよい岩地や崖くずれの土壌（崩積土）上に，モイワナズナ（アブラナ科）やヤマ

**図9** 山地斜面に生育する樹木の代表であるシナノキ。
根本から複数の幹(萌芽幹)をだしていることが多い。

**図10** 沢沿いに生育する樹木の代表であるカツラ。藻岩山では，斜面下部の傾斜変換線に沿って分布する傾向が見られる。カツラは，土石流のような大きな攪乱の後に棲み着き・定着する樹種であると考えられている。

ハナソウ(ユキノシタ科)が見られます。これらの植物は藻岩山のなかでも特殊な場所に生育し藻岩山を特色づける植物ですが，生育地が限られているために藻岩山から消えてしまう可能性も高い種といえます。

(並川 寛司)

## 2　手稲山
―― 溶岩台地と山体崩壊による巨大地すべり ――

見どころ　　札幌市西部から積丹(しゃこたん)半島にかけての山地には，約1,000万年前から100万年前(新第三紀中新世後半〜第四紀更新世)にかけて形成された平坦溶岩が広く分布し，溶岩台地と呼ばれます。これらは，1,000〜1,500 mの山頂をもつ手稲山(ていねやま)や朝里岳(あさりだけ)，余市岳(よいちだけ)などとなっています。活発な火山活動は変質作用をともない，多くの金属資源をうみ開発されてきました。むかし栄えた手稲鉱山では，金や銀の採掘のほか，テルルの酸化鉱物である手稲石が発見されています。

これらの溶岩台地の縁辺には大小の地すべり地形が分布し，災害防止の視点からこれらの特徴を知ることは大変重要です。

このコースでは，標高1,024 mの山頂をもつ手稲山に登りながら，かつての火山活動の様子に思いをはせ，氷期のころに発生した大規模な山体崩壊と，それによって移動堆積した「岩屑(がんせつ)なだれ堆積物」を観察することにしましょう。

地形図　　5万分の1「銭函(ぜにばこ)」
　　　　　2.5万分の1「手稲山」「銭函」

2　手稲山　91

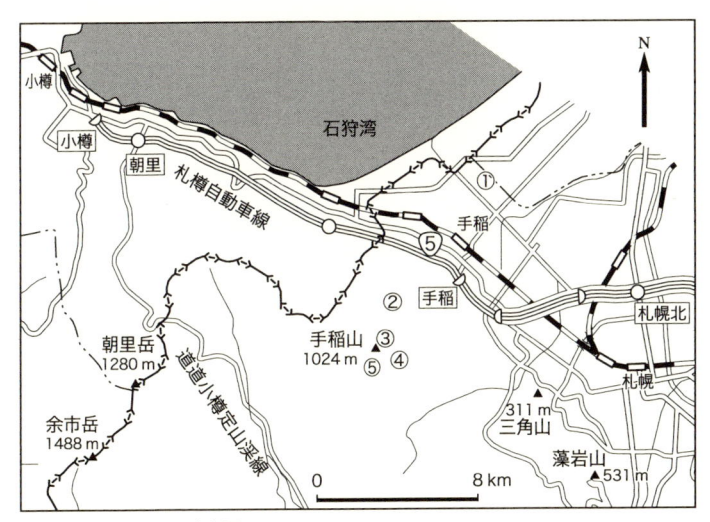

**図 11**　手稲山周辺の案内図

交　　通　　前田森林公園へは車が便利です。手稲山は，JR手稲駅南口からJRバス「ていね山線」に乗車。

コ ー ス　　①前田森林公園─(0.6 km)→JR手稲駅南口─(6.5 km)→②テイネオリンピア，レストラン裏─(2.9 km)→③ロープウェイ山麓駅横駐車場─(1.5 km)→④山頂に向かう車道沿い─(2.8 km)→⑤手稲山山頂

92    Ⅳ　藻岩山と手稲山

**図 12**　手稲山山体崩壊の滑落崖と岩屑なだれ地形(雨宮和夫氏提供)

①**前田森林公園**——石狩平野から望む手稲山の山体崩壊と岩屑なだれ

　このあたりから見える手稲山は，山頂から東(図12写真左方向)へゆるく傾斜した盾状火山を思わせる火山地形が観察できます。その西側も溶岩が流れて形成された奥手稲山(949 m)に連なり，全体として平坦な溶岩におおわれた火山地形を示すことから，平坦溶岩と呼ばれています(平坦面溶岩とも)。

　手稲山の北側には山頂から落差約400 mの急崖があり(図12；滑落崖と表示)，アイヌの人々はこの山を「タンネウェンシリ　長い断崖」と呼んでいました。この急崖は手稲山の山体崩壊による滑落崖で，そのすそ野にはなだらかな地形が広がります。これは山体崩壊によって崩れ落ち移動した「岩屑なだれ堆積物」がつくった地形です(図12)。岩屑なだれ地形の末端では，堆積物の一部が孤立して小山状になった「流れ山」がいくつもありました。

　滑落崖をよく見ると，沢状の微凹地が刻まれています。このことから，山体崩壊が起こったあと，長い時間かかって削剝が進行したことがわかります。岩屑なだれは，東を三樽別川，西を稲積川に区切られた範囲で起こっており，最大幅2 km・奥行き6.5 kmという大規模

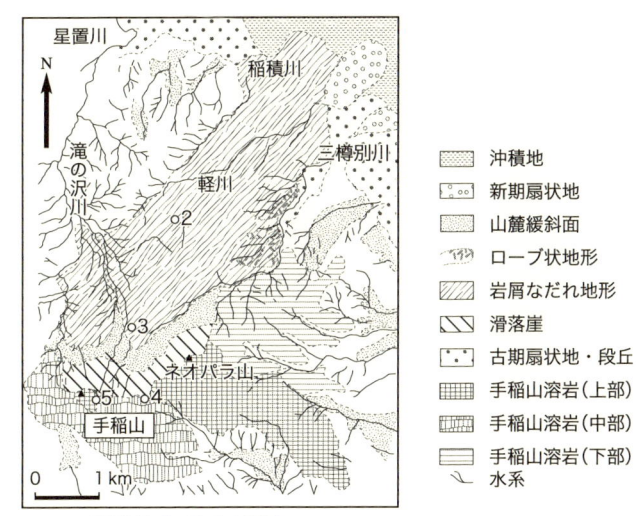

図13 手稲山付近の地形分類図

凡例:
- 沖積地
- 新期扇状地
- 山麓緩斜面
- ロープ状地形
- 岩屑なだれ地形
- 滑落崖
- 古期扇状地・段丘
- 手稲山溶岩（上部）
- 手稲山溶岩（中部）
- 手稲山溶岩（下部）
- 水系

なものです。手稲山をつくっていた岩石は最低でも2～3kmほど前進し，さらに遠方まで広がった岩屑なだれ堆積物は，沖積層におおわれています。軽川は，岩屑なだれが起こったあとに新たに切り込まれ，下流に新しい扇状地を形成しています（図13）。

**②テイネオリンピア，レストラン裏——山体崩壊で運ばれた溶岩**

岩屑なだれの堆積物は，テイネオリンピアのレストラン裏で見られます。手稲山をつくった溶岩は，もともとは板状や柱状の規則正しい割れ目（節理）を示す溶岩流でしたが，ここでは山体崩壊による移動の途中で破壊されたため角礫状になっています（図14）。この火山岩は斜長石，石英，輝石の斑晶とともに，かんらん石も含む安山岩からなっています。また，近くの崖では，噴火の際に高温酸化によって赤褐色に変質したと考えられる火山噴出物が見られます。これらは，標高838mのネオパラ山（通称：ネオパラダイスを略したもの）付近を噴火口

図14　岩屑なだれ堆積物(破砕された手稲山溶岩)

とする手稲山溶岩とよく似た特徴を示しており，山体崩壊によってネオパラ山からすべり下ってきたことがわかります。

**③ロープウェイ山麓駅横の駐車場**——岩屑なだれ堆積物をおおう火山灰

　この付近では，手稲山溶岩の安山岩礫(れき)からなる岩屑なだれ堆積物の上に，何枚かの火山灰層をはさむシルト〜砂層が重なっているのが観察できます。これらの火山灰層には数mm大で粒径のそろった繊維状軽石が層状を示すものがあり，約4万年前に支笏カルデラをつくったときに噴出した火山灰であることがわかりました。そのほか，クッタラ火山の噴出物(約5万年前)も見つかっています。これらの火山灰層と下に分布する岩屑なだれ堆積物の特徴から，手稲山の山体崩壊は5万年前よりやや古かったことがわかります。

**④山頂に向かう車道沿い**——溶岩台地をつくった火山噴出物

　ロープウェイ山麓駅から車道に沿って山頂に向かう途中，手稲山の溶岩台地をつくった噴出物の産状が見られます。多くは柱状節理や板

図15 火砕流として噴出した凝灰角礫岩　　図16 板状節理を示す手稲山溶岩

状節理が発達した溶岩流からなりますが，一部では安山岩礫と基質も同じ安山岩の細粒物(火山灰)からなる凝灰角礫岩(ぎょうかいかくれきがん)が見られ火砕流(かさいりゅう)として噴火したものと考えられます(図15)。さらに登っていくと，5〜10cmの厚さをもつ板状節理が発達した安山岩が見られ，台地状の地形をつくった溶岩流の断面が露出しています。図16で見られる板状節理の構造は，山頂に向かって傾斜しており，手稲山山頂付近から流れてきた溶岩流の末端部と考えられます。このように手稲山が陸上火山として溶岩流を流した時期は，カリウム‐アルゴン法による放射年代から約370万年前で，新第三紀鮮新世の中ごろでした。

⑤**手稲山山頂**——岩屑なだれ地形の頭部平坦地を見おろす

ロープウェイ山頂駅付近では北から東にわたって眺望がきき，日高(ひだか)山脈北部，夕張(ゆうばり)山脈，増毛(ましけ)山地，石狩(いしかり)平野，また南西はるかに羊蹄山(ようていざん)を見ることができます。手稲山の山頂にはかつてハイマツが分布していたといわれ，南斜面の標高700m付近のガレ場には今もハイマツが見られます。ハイマツは高山帯に分布するものですが，強風のあたる山頂や荒地に耐えているものと考えられます。

ロープウェイ山頂駅の直下には板状節理の発達する手稲山溶岩が数

**図17** ロープウェイから見る頭部平坦地と山麓緩斜面

十mの厚さで急崖をつくり，滑落崖となっています。下方には30〜40°の崖錐斜面，末端では緩斜面に移行します。崖錐斜面はダケカンバやトドマツがおおっており，斜面は長期間にわたって安定しています。この崖錐斜面〜緩斜面は，氷期に滑落崖が侵食されてつくられた岩屑が堆積した周氷河地形で，山麓緩斜面と呼ばれます。

眼下に見おろされる岩屑なだれ地形は，中腹までは三樽別川，稲積川および滝の沢川などの源流域に囲まれた離れ山状の小起伏(小丘)に富んだ緩斜面となっています(図17)。岩屑なだれ上部の右方には，三樽別川へ流れ込んだように見える丸い押しだし地形が認められます。

(宮坂 省吾・山崎　茜・平　雄貴・澤橋 菜月・岡村　聡)

# V 積丹半島へ

日本海へ突きでる神威岬(松田義章撮影)

# 1 小樽から忍路海岸へ

見どころ　　小樽から積丹半島東海岸に分布する岩石は、その多くが海底火山活動によってできたものです。おたる水族館に近い赤岩では、地下から上昇してきたマグマの通り道（岩脈）の産状や、熱水による変質でつくられた重晶石のみごとな結晶が観察できます。

忍路半島は、さまざまな海底噴火の様子が観察できる場所として世界的にも有名です。この岩石は新第三紀中新世の終りころ（約 600 万年前）に活動した玄武岩で、その生々しい産状は、あたかもつい最近噴火したかのような迫力があります。

地形図　　2.5 万分の 1「余市」

5 万分の 1「小樽西部」

交　通　　「赤岩」へは、JR 小樽駅前バスターミナルより中央バス「水族館」行きに乗車し、終点で下車、徒歩 10 分。

JR 小樽駅前バスターミナルより中央バス「余市梅川車庫前」行きに乗車し、「忍路」で下車、徒歩 10 分。

コース　　①赤岩―(16 km)→②忍路湾船着場―(0.7 km)→③兜岬

1 小樽から忍路海岸へ　99

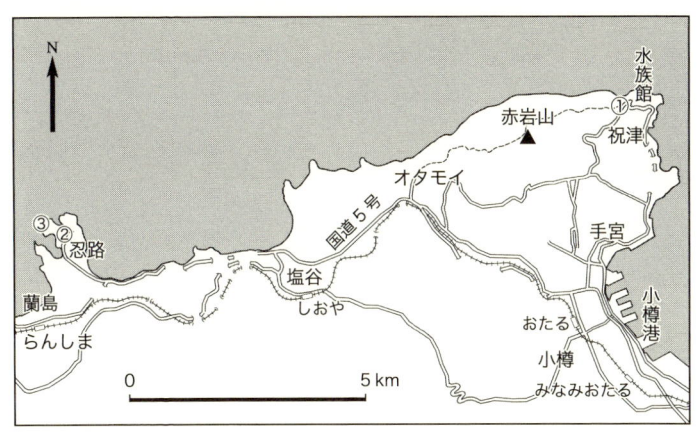

図1　小樽から忍路海岸への案内図

①赤岩──地質景観と岩脈，重晶石の観察と採集

　おたる水族館から「江差追分の歌碑」のある広場に向かいましょう。この広場から西側のホテル・ノイシュロス小樽の方向を眺めると，眼前にすばらしい景観が開けてきます（図2）。

　まず手前に緑色を帯びた岩石の崖が見えます（図2）。これは赤岩の本体をつくっている変質したデイサイトと呼ばれる岩石です。もともとはデイサイト質のマグマが地表付近で冷えて固結した火山岩だったのですが，約300℃の熱水の影響を受けて変質してしまったものです。

　この崖より遠くに見えるノコギリ状のギザギザした岩峰の岩塊や，2本のローソク状にそびえ立っている岩石は，赤岩を形成したマグマが地下深部より上昇してきた際のマグマの通り道（火道）だったもので，それが侵食されずに岩脈として残ったものです（図3）。このマグマの上昇は，今から約1,000万年ほど前のことでした。

　赤岩では，温泉にともなってできる金鉱床（温泉型金鉱床）の産状や，自然遊歩道を通って下りると，重晶石という白く透明な板状を示す鉱

図2　赤岩海岸の地質景観　　　　　図3　赤岩山頂付近の岩脈の地形

物の結晶が観察できます。重晶石は，胃の検査に使うバリウムの原料となる鉱物です。

　なお，赤岩からオタモイの海岸地形や地質を観察するには，ホテル・ノイシュロスの裏手にある「赤岩オタモイ線歩道」の看板にしたがって遊歩道を通り，赤岩山頂を経て中赤岩へ向かい，そこから海へ下りるとよいでしょう。

　中赤岩から海へ下りる途中の道の端や，海岸に転がっている，表面が赤茶けた岩石の表面を丹念に観察すると，白い重晶石の結晶が網目状に集合しているものを見つけることができます。また，温泉型金鉱床の全体を観察したい場合には，春〜秋季に小樽港からでている「オタモイ航路」に乗船し，海上から観察するとよいでしょう。

②**忍路湾船着場**——海底に流れでた枕状溶岩

　忍路湾の船着場の背後にある崖を眺めると，まるで米俵を積み重ねたように，ところどころに直径が50 cm〜1 mほどの円形〜楕円形の外観をした岩石に気がつきます(図5)。これは，粘性の小さな玄武岩の溶岩が海底に流れだしたときにできる枕状溶岩です。海底を流れる高温の溶岩は，表面張力によって球状あるいは円筒状に枝分かれした構造をつくり，枕状になります。それぞれの枕状溶岩は，固結する際

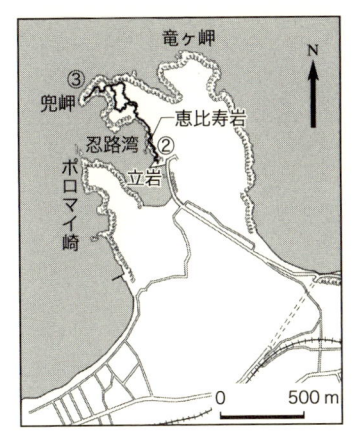

**図4** 忍路コース(地点②③)の案内図

に下方のすき間に垂れ下がるように変形します。ここでは，枝分かれした枕状溶岩の立体的な構造も観察することができます(図6)。

「枕」の表面には，水と接して急冷してできた黒色ガラス，固まるときに収縮してできた表面から垂直に入る割れ目，内部のガスが抜けでたあとの気孔などが見られます。そのほか，溶岩の流動によってできたしわも見ることができます。

この崖で枕状溶岩の形態を示さない部分は，大きさも形も不ぞろいなごつごつした岩石の小片(礫)と，そのすき間を埋める黄色の細かな岩石の基質からできています。これは，より粘性が大きくなった溶岩が水中に流れでると，急激な冷却による収縮割れ目や，ガスの噴出による破裂の衝撃によって岩石が砕けて形成されたもので，ハイアロクラスタイト(水冷破砕岩)と呼ばれています。

さらに海岸線を奥に進み，小さなトンネルを抜けて進むと，周囲の岩石を貫き，上の方で枝分かれした岩石が見られます。これは赤岩でも観察した岩脈です。

102　V　積丹半島へ

**図5** 海底に流れ出して急冷してできた
　　　枕状溶岩の横断形状

　この岩脈に接している部分は，ハイアロクラスタイトとはやや違って見えます(図7)。この岩石は，どれも同じような大きさの礫と，褐色の細かな軽石からなる火山角礫岩です。注意して見ると，礫の大きさは，地層の上位(図7の矢印の方向)に向かって少しずつ小さくなっているのがわかります。このような岩石は，上昇してきたマグマが水中や空中に高く噴きあげたあと，冷えて固まった岩石や軽石が，大きく重いものから順に落下したことを示す降下火山噴出物です。この黒

**図6**　枝分かれして立体的に見える
　　　　枕状溶岩

**図7** 降下火山噴出物(左)を貫く岩脈(右)(破線は接触面)

色の岩石は，船着場で観察したものに比べ，粘性がさらに大きな安山岩からなっています。

**③兜岬**——水中で噴火した溶岩噴泉とマグマの通り道

忍路湾の奥から林のなかをしばらく登って行くと，兜岬に着きます。まず目につくのが，ほぼ垂直に延びて上の方で左右に広がる岩石です。ゆるく傾斜した構造をもつ周囲の岩石に対し垂直に貫いていることから，この部分は岩脈であることがわかります。ここで興味深いのは，この岩脈が上部でハイアロクラスタイトにつながっていることです（図8）。つまり，マグマの通り道となる割れ目が海底下まで達し，流出した溶岩が海水で急激に冷やされてハイアロクラスタイトになったと考えられます。このような岩脈のことを，給源岩脈（フィーダーダイク）と呼んでいます。

近づいて観察すると，この岩脈は周囲の岩石と接触した部分が急冷されて黒色のガラスになっており，その接し方も不規則な形をしています。また，この岩脈自身もところどころでハイアロクラスタイトに

104　V　積丹半島へ

**図8**　マグマの通り道(給源岩脈)とつながるハイアロクラスタイト

なっています。すなわち岩脈をつくったマグマは，周囲の岩石が未固結のうちに上昇し，しかもマグマの通り道のなかまで海水が侵入したことを物語っているといえるでしょう。

　給源岩脈と接する周囲の岩石は，ハイアロクラスタイトに似ていますが，そうではありません。含まれている岩片は，10 cm程度の長径をもつ扁平な褐色の岩石がめだちます(図9)。この礫の断面を詳しく観察すると，黄色〜褐色の縁があり，さらに外側には黒色のガラスが縁どっています。岩片のなかにはたくさんの気孔が見られることから，溶岩が噴きだしたときに水中で急冷した火山弾であることがわかります。

　また，礫のなかには形が不明瞭で周囲の岩石と癒着しているものもあります。なお，火山弾の大きさが上に向かって大きくなる傾向を繰り返します。

　こうした特徴から，この岩石は海底下で噴火した溶岩噴泉，つまり，しぶきのように溶岩が噴きだした粘性の小さな玄武岩であることがわ

図9 水中で急冷した火山弾(野呂田 晋氏提供)

かります。しかも，礫の大きさの変化から，溶岩の噴出が時間とともに激しくなる噴火様式を繰り返し起こしていたことがわかります。

　岬の反対側にまわってみると，火山弾のほか枕状溶岩の破片など異なる種類の岩石を含む礫岩があり，ここでも礫の大きさが上に向かって大きくなる傾向が見られます。これは海底下に噴出した岩石が，土石流のように斜面を流れ下って再移動したことを示しています。

　忍路半島周辺に見られる岩脈の多くは，北東－南西方向に延びる板のようになって地下から貫きあがっています。このような岩脈をうみだした割れ目は，噴火当時の地殻の運動の特徴を考える上で大変重要な手がかりとなります。つまり，この付近では当時，北西と南東のそれぞれの方向に，広域的な引っ張りの力が地殻に働き，こうした割れ目がつくられ溶岩が噴きだしたと考えられます。

(松田 義章・岡村　聡)

## 積丹半島の遺跡

(1)**忍路環状列石**(1961 年に国指定史跡に指定)

中央バスの小樽駅前ターミナルより,「余市梅川車庫前」行のバスに乗車し,「忍路中央小学校前」で下車。そこから,忍路環状列石まで徒歩約 10 分。

この遺跡は,すでに江戸時代末期には知られていたようですが,1886 年に渡瀬荘三郎氏によって環状石籬(ストーンサークル)として初めて学界に紹介され,有名な遺跡となりました。ここでは,長径 33 m,短径 22 m の楕円形に石が配置されていますが,これは原型をとどめているものではなく,近代になって幾度か人為的に手が加えられているものと思われます。

周辺から出土した土器などの遺物により,この遺跡は縄文時代後期(今から約 4,000～3,500 年前)のものであると推定されています。な

**図 10** 忍路環状列石

1 小樽から忍路海岸へ　107

**図11** フゴッペ洞窟に残されている刻画(余市町教育委員会提供)

お，環状列石は北海道と東北地方に多く分布しており，墓としてつくられたものであると考えられています。ちなみに，この遺跡に配置された多くの柱状の岩石は，その岩質(デイサイト)から，余市のシリパ岬の海岸から運搬してきたもののようです。

(2)**フゴッペ洞窟**(1953年に国指定史跡に指定)

中央バスの小樽駅前ターミナルから，「余市梅川車庫前」行きに乗車し，「フゴッペ洞窟」で下車。徒歩1分でその保存館につきます。

この洞窟は，1950年，海水浴にきた札幌市の考古学少年によって発見され，1951・1953年の2回にわたって北海道大学の名取武光氏をリーダーとする発掘調査団によって調査が行われました。その結果，続縄文時代(今から約2,500～1,500年前)の土器(主に後北式土器)や石器等が出土したことにより，洞窟内の岩壁に大量の刻画が刻まれたのも，そのころではないかと考えられています。刻画は呪術的なものを表現していると推定され，フゴッペ洞窟自体が古代人の宗教的儀礼の場であったと考えられています。

(松田　義章)

## 2　積丹半島を巡る

見どころ　　　積丹半島は，アイヌ語の「サㇰ・コタン」(「夏の・村」の意味)に由来し，日本海に向け南東から北西方向に突きでた半島です。よく晴れた夏の日には，積丹半島の勇壮な景観とエメラルド色の「積丹ブルー」の海との，絶妙なコントラストが十分に堪能できます。この一帯は「ニセコ積丹小樽海岸国定公園」に指定され，さらに神威岬を含む積丹半島は「北海道遺産」にも指定されています。

　　　　　　その美しい景観に親しむだけでなく，地質を探り，大地の生い立ちに思いを馳せると，その楽しみも倍増するでしょう。

　　　　　　積丹半島の地質は，今から約1,500万〜500万年前の海底火山活動によってその骨格が形成されました。それに由来するさまざまな露頭の観察を通して，当時の海底火山の復元を試みることができます。

地 形 図　　5万分の1「小樽西部」，「古平」，「積丹岬」，「余別」，「神恵内」

交　　通　　「余市，古平，神威岬」へは，中央バス「高速・積丹号，神威岬」行きがJR札幌駅バスターミナルから小

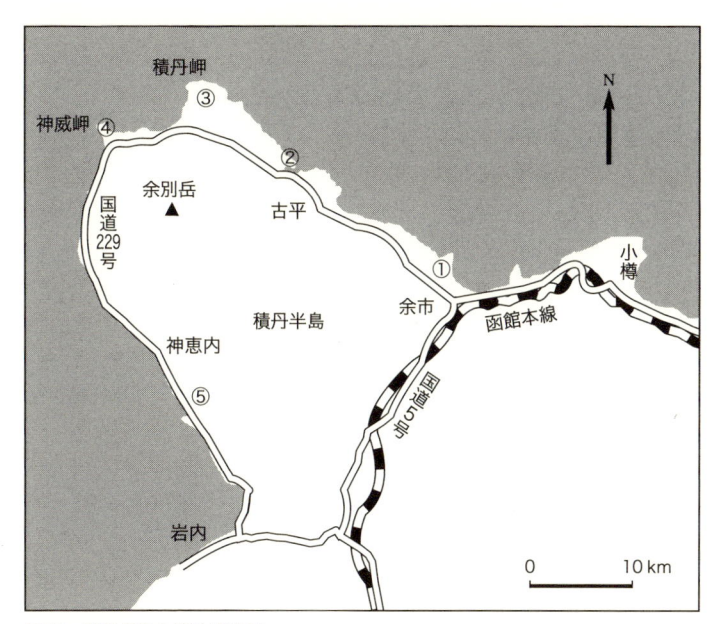

図 12 積丹半島を巡る案内図

　　　　　　　　樽経由で運行しています。「興志内」へは，岩内から
　　　　　　　　神恵内行きの中央バスがでています。
コース　　　①モイレ岬—(8 km)→②白岩海岸・恵比寿岩・大黒岩，
　　　　　　　ローソク岩，セタカムイ岩—(26 km)→③積丹岬島武
　　　　　　　意海岸—(14 km)→④神威岬—(30 km)→⑤興志内

図 13 モイレ岬の流紋岩の露頭

①**モイレ岬**——海底火山の溶岩ドームを示す流紋岩

　余市川河口付近の橋を渡ってすぐに右折し、モイレ岬へと続く海岸線沿いの道路を進むと、旧下ヨイチ運上屋(しもヨイチうんじょうや)の近くにある海浜公園にでます。整備された公園のなかに、やや大きな岩礁（「太古の岩」）が保存されているのが目に入るでしょう。

　この岩礁に近づいてみると、岩石の表面には縞模様（流理構造(りゅうり)）がはっきり認められ、典型的な流紋岩であることがわかります（図 13）。この流紋岩は、溶岩としての産状を示すほか、急冷されて黒いガラス質の黒曜石になっていたり、破砕されてハイアロクラスタイトになっているなど、さまざまな産状を示します。水中に噴火して形成された海底火山噴出物であったと考えられています。この流紋岩をカリウム－アルゴン法によって放射年代を調べたところ、噴火は今から約 670 万年前のものであることが判明しました。

　この流紋岩を詳しく観察すると、花崗岩(かこうがん)や泥岩・砂岩など、流紋岩とは異なった岩石が含まれ、「雷おこし」のようになっているのを見つけることができます。このような岩石は捕獲岩(ほかくがん)と呼ばれ、流紋岩をつくったマグマが地下から上昇してくる途中で、地下に存在していた

ハイアロクラスタイト

流紋岩質凝灰岩

**図14** 上部のハイアロクラスタイトと下部の流紋岩質凝灰岩

花崗岩などの岩石を一緒に取り込んできたものです。捕獲岩を調べることにより，その地域の地下にはどんな種類の岩石が分布しているかといったことがわかります。

また，モイレ岬から遠望される余市町のシンボル的存在であるシリパ岬は，今から約630万年前にデイサイト質の粘性の高いマグマが海底に噴出し，海底で有珠山や昭和新山のような溶岩ドームをつくったものであると考えられています。

**②白岩海岸からセタカムイ岩へ**——目を引く奇岩の数々

余市市街を過ぎ，梅川トンネルを抜け古平方面に向かうと，その途中に真っ白な崖が見えてきます。ここが余市の白岩海岸です。

この地はかつて「出足平(でたりびら)」といい，アイヌ語の「レタル・ピラ」(「白い・崖」の意味)に由来しています。この白岩海岸は，上部の灰褐色をした岩体と下部の白色の岩体によって構成されています。さらに，この白色の岩体の下に，灰黒褐色をした安山岩の円礫(えんれき)を含む岩体が認められます。

上部の灰褐色の岩体は，デイサイト質のハイアロクラスタイトです。

112　V　積丹半島へ

**図15**　白岩海岸の夫婦岩「恵比寿岩(左)と大黒岩(右)」

下部の白色の岩体は，流紋岩質の凝灰岩(ぎょうかいがん)のなかにつぶれた軽石や，本層の下位に分布する安山岩の円礫などがまじっています。このような産状から，この白色の岩体は海底火山から流出した火砕流(かさいりゅう)堆積物で，海底に流紋岩質のマグマが噴出して大規模な爆発を起こし，そのときに軽石と火山灰などの混合物が高速で流れ下って堆積したものであると考えられています。

　さらに下位に認められる灰黒褐色の火山円礫岩は，余市の名勝である夫婦岩(図15)に連続します。火山円礫岩とは，ハイアロクラスタイトなどが海底火山の斜面に一度堆積した後，それらが崩れて移動した際，ハイアロクラスタイトの岩片の角がとれ円礫となって再堆積してできた岩石のことをいいます。

　白岩海岸のトンネルを抜けると，前方の海上に，余市の名勝，高さ45mにおよぶ「ローソク岩」が見えてきます。ローソク岩周辺の海域は，かつて千石場所と呼ばれ，鰊(にしん)漁場のなかでもとくに良好な漁場でした。このローソク岩は，鰊の豊漁を約束する「神様の岩」としてあがめられてきました。この特徴的な岩は，輝石安山岩質(きせき)のハイアロクラスタイトからできています。火道(かどう)角礫岩のような産状も認められ

**図 16** セタカムイ岩付近の地層

ることから、かつての海底火山の火道が残されたものと推定されます。

　ローソク岩は、昔は今の倍くらいの太さだったようですが、1941(昭和16)年に縦の亀裂から半分が崩れ落ちたそうです。この前年の8月に神威岬地震が起こり、この地域は震度4、波高1.5mほどの津波に襲われました。ローソク岩の崩壊・やせ細りは、このときの地震動あるいは津波の衝突が誘因となっているものと考えられます。

　新豊浜トンネルを抜けると、右側に古平のセタカムイ岩が見えてきます(図16)。「セタ・カムイ」とは、アイヌ語で「犬の・神様」を意味します。主人を待ち続けた犬が神になり、さらに石と化したという伝説が残されています。

　このセタカムイ岩周辺の崖を遠望すると、平行な地層の縞模様を示す層理が海側に傾いている様子が観察できます。この崖は、塊状で無層理の安山岩質のハイアロクラスタイトと、これが水中で移動し再堆積してできた層理が見られる火山砕屑性二次堆積岩(エピクラスタイト)から構成されています。

　縞模様の発達する火山砕屑性二次堆積岩は、遠くから見ると平行な地層が重なっているように見えますが、近づいて観察すると、上下の

114　V　積丹半島へ

**図17**　島武意海岸と屏風岩(岩脈)

平行な地層の間には，海側にやや急角度に傾斜した斜交層理が見られます。これは海底火山の斜面に流れ下る堆積物が前へ前へと移動しながらできるもので，前置層(ファアセット・ベッド)と呼ばれています。

　前置層の上に重なるほとんど傾斜していない地層は，前置層をおおってほぼ水平に堆積したもので，頂置層(トップセット・ベッド)と呼ばれています。このような堆積の仕方は，河川が海や湖に注ぐところで発達する三角州(デルタ)の堆積物中に見られる特徴です。

③**積丹岬**──島武意海岸と屏風岩

　日本の渚百選に選ばれた島武意海岸の景観を特徴づけるものは，小さなトンネルを通り抜けると眼前に広がる青い海の美しさと，そこに立つ屏風岩などの奇岩が織りなす絶妙な風景美です(図17)。

　板状の形をした屏風岩は安山岩質のマグマが地中から上昇してきたときにつくられた岩脈で，海底火山が形成されているときのマグマの通り道だったものです。マグマで満たされていた火道が岩脈となり，火山体のほかの部分が侵食されてしまった後に残されたものです。

④**神威岬**──岬の地質が語る大地の変遷

　北海道遺産である神威岬の地質は，下部は今から約670万～650万

図18 神威岬遊歩道沿いで見られる礫岩層

年前の安山岩質ハイアロクラスタイトと礫岩で構成され，上部を今から約300万～200万年前の礫岩・砂岩層がおおっています。

神威岬の突端部には下部の地層が分布し，さまざまな岩質の礫を含む礫岩層(図18)と，葉理をもつ砂岩層が認められます(図19)。この砂岩層は厚さ約2～3 cmの薄い泥岩層を何枚もはさみ，斜交葉理が発達することから，水のエネルギーの高い状態をもつ水流の激しい浅い海が広がる環境で形成されたと推定されます。

こうした地層をもとにこの岬付近の生い立ちを組み立てると，次のようになります。今から700万年前ころ，この海域では海底火山の活動が開始され，その活動は約300万年前まで続きました。その後，火山活動は終息し，礫岩を堆積させる浅い海底となりました。さらに，この地は沈降して，砂岩層や泥岩層を堆積するやや深い海底に変わりました。その後，隆起に転じて浅海の状態を経て海底から海上にすがたを現わし，激しい風雨に侵食され神威岬の景観をつくりながら現在に至ったと考えられます。

⑤興志内――間近に見るマグマの通り道

盃温泉郷と盃漁港の間に位置する興志内では，熱水によって緑色

116　V　積丹半島へ

**図19**　神威岬突端部付近で見られる泥岩をはさむ砂岩層

に変質した安山岩質のハイアロクラスタイトの露頭があります。この露頭を注意深く観察すると，何本かの大規模な岩脈が垂直方向に延びているのを見つけることができます(図20)。これがマグマの貫入方向です。

　岩脈には，延びている方向に直交する割れ目(節理)が無数に認められます。節理はマグマの貫入してきた方向とほぼ直角な方向に発達することが多いため，逆に節理が示す方向から貫入方向を推定することができます。

　興志内の岩脈の場合は節理は水平方向に発達しているので，マグマは下から上に向かってほぼ垂直に上昇してきたと推定できます。また，岩脈の上部ではハイアロクラスタイトに変化していることから，火道の上方で噴火してハイアロクラスタイトとなったものです。このような岩脈を給源岩脈といいます。このような岩脈は，海底火山活動における割れ目噴火の噴火口群のひとつである可能性があります。

**図20** 興志内岩脈群のひとつ
マグマの貫入方向を示す水平の節理

　この割れ目噴火があった時代は，今から約1,400万〜1,000万年前であったと推定されています。岩脈の広がり方向が，ほぼ東西方向であることから，かつてこの地域の大地には，南北方向に引っ張りの力が働いていたと考えられます。

　この緑色に変質している安山岩の岩脈のなかには，熱水変質にともなって生成された沸石という白い鉱物を見つけることができます。沸石には多くの種類があり，その種類によって生成する「温度や圧力条件」が異なっています。このため，どんな沸石が認められるかによって，その熱水の温度や圧力を推定することができるのです。

（松田　義章）

## 積丹半島と黎明期の地質調査

　北海道の地質・鉱産物調査の草創期のものとしては，ライマンの1873(明治6)年から3か年にわたる調査が有名です。これよりも早く，すでに江戸時代末期の1862(文久2)年，幕府によってアメリカから招聘されたブレークとパンペリーは，渡島半島〜積丹半島・茅沼地域の地質調査を行い，ルートマップ(地質踏査路線図)を作成しています。この地質図によれば，積丹半島付近の「ハイアロクラスタイト」は「火山性礫岩」として記載しています。また，1867(慶応3)〜1869(明治2)年にかけ，ガワー，ミットフォード，アダムズなどによってこの地域にある茅沼炭田の調査が行われています。

　ライマンは1873(明治6)〜1875(明治8)年にかけ茅沼炭田およびその周辺の調査に従事しています。さらに，ライマンは北海道のほぼ全域にわたる地質・鉱床調査を実施し，その成果を1876(明治9)年に「日本蝦夷地質要略之図」という北海道の広域地質図をまとめ，開拓使より刊行しています。

　また，その著書「北海道地質測量報文」(1877(明治10)年刊行)において，岩内〜茅沼の地質観察を行った結果を報告しています。ここではライマンは，茅沼付近の地質について「測量区域内ニ在ル岩石ノ種類ハ，海岸ニ在ルちゅーふぁ(tuff：凝灰岩のこと)状ノ古火山石ノ大崖及ビ区域ノ四方ニ露出スル古火山石ト玉川，八泰両渓ニ沿ッテ些少ノ新沈積層在ルノ外，尽ク含煤石(石炭のこと)層ナリ」と記しています。

　さらに1888年から，帝国大学(現在の東京大学)出身で道庁技師の神保小虎は，札幌農学校(現在の北海道大学)出身の石川貞治および横山

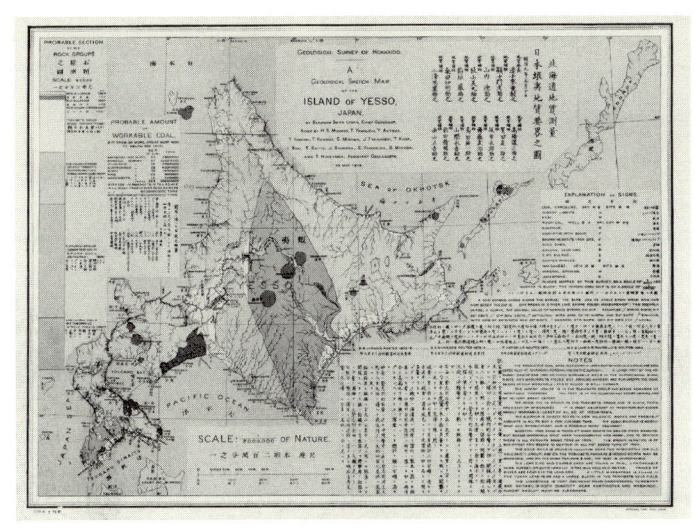

**図 21** ライマンの作成した日本最初の総合的な地質図「日本蝦夷地質要略之図」
（北海道大学附属図書館北方資料室所蔵）。1876 年 5 月 10 日発行

壮次郎とともに北海道全域にわたる地質・鉱産物調査を行っています。ライマンの地質調査がアメリカ的な実用重視の野外における鉱床調査であったのに対し，神保らの地質調査は当時最新鋭の岩石顕微鏡（偏光顕微鏡）を用いて岩石の鑑定・記載を行うなど，ドイツ人ナウマンの流れをくむ帝国大学教授，小藤文次郎直系のアカデミックなものでした。

なお，「日本蝦夷地質要略之図」出版(1876 年 5 月 10 日)にちなんで「地質の日」(5 月 10 日)が，地質への理解を推進する日として制定されています。さまざまなイベントや活動が地質学会や大学，研究機関，博物館で行われています。ライマン氏らの足跡をしのびながら，地質をより身近に感じてもらいたいと思います。

(松田 義章)

## 岩盤斜面の崩壊(豊浜トンネル)

1996年2月10日,積丹半島を走る国道229号の豊浜トンネル坑口付近で発生した岩盤崩壊は,走行中のバス・自家用車を巻き込み,犠牲者20名をだす大きな事故となりました(図22)。日ごろなにげなく通行している国道にこのような大きな危険性があるということは,市民社会からの強い関心を集めたばかりではなく,地質学の研究・教育にたずさわる私たちにも大きなショックを与えました。

豊浜トンネル周辺の地質は,約1,000万年前の海底で形成された水中火山岩を主体とします。トンネル坑口の岩盤崩壊面は,岩盤の中に約100万年前から形成されていた割れ目系を母体としたものでした。崩壊面上半部は風化が進んで変色しており,割れ目が崩壊以前にすで

**図22** 崩落岩塊除去後の豊浜トンネル坑口斜面の遠景(1996年3月,故渡辺暉夫北海道大学教授撮影)

に開口していたことを示しています。地層ユニット境界のところには，冬季に氷柱として現れる地下水の浸出部もありました(図23)。しかしそれらは，崖下・道路上から見あげる通常の道路防災点検では確認できない位置にあったのです。岩盤のなかにはさまざまな成因と形態をもつ割れ目が存在しており，岩盤に働く重力の作用や応力解放・風化作用などによってしだいに進展していきます。割れ目がある程度まで進展・連続すると，岩盤の重さを支えきれず，一気に破壊が進行し岩盤崩壊が起こります(図24)。

トンネル建設や道路管理・防災などの分野でこのような危険性がはっきりとした形で認識されるようになったのは，豊浜トンネルの痛ましい事故が起きてからのことです。その事故以後，防災点検や対策工事が，それまでなかったような規模で精力的に行われるようになりました。また，有人・無人ヘリによる斜面上空からの観察や，レーザ測距による微細地形の把握など，新しい手法で災害を予測する試みも

**図23** 崩壊面上部の地下水浸透部(1996年3月)

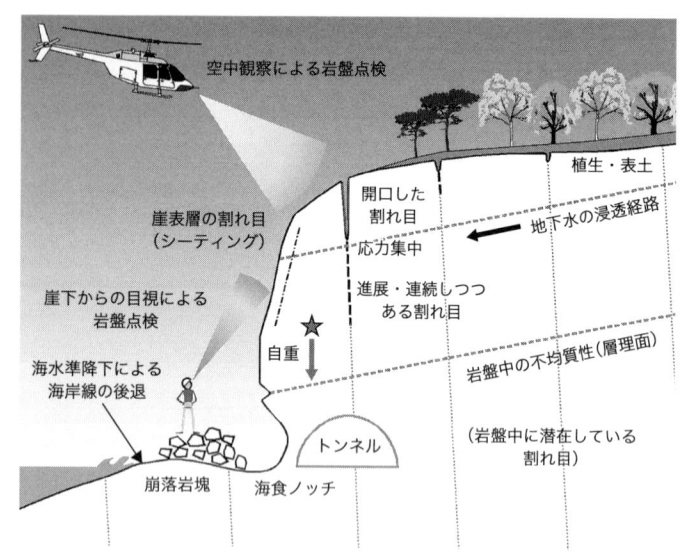

**図 24** 潜在割れ目の発達する岩盤斜面における岩盤崩壊のイメージ図

行われるようになっています。しかしそれにもかかわらず，北見市(2001年)・えりも町(2004年)で大規模な岩盤崩壊事故により犠牲者がでています。これらの岩盤崩壊の制御要因や詳細なメカニズムについては，多くの研究者や機関が検討を行っていますが，まだまだよくわからない点が多いのが実状です。

　岩盤災害の原因究明とその予測には，地球的な観点をもった地質学の知識と考え方が必要不可欠です。しかし，地質学という研究分野が自然災害の予測や防止という社会的な課題・ニーズに対して十分に応えているとは必ずしもいえません。また，岩盤崩壊を物理的な側面から解析的に見るだけではなく，長いタイムスパンで起きる確率的な自然現象のひとつととらえ，それと人間社会との関係を科学的に理解していく必要もあると思われます。
〔川村 信人〕

# VI 第四紀の火山

有珠湾の背後に有珠山と洞爺湖を望む。海の中にも「流れ山」が多数存在していることがわかる。(中川光弘撮影)

# 1　恵庭岳と樽前山（支笏火山）

見どころ　　　支笏火山は6万〜5万年前に活動を開始し，約4万年前に国内で最大級の巨大噴火を起こし，支笏カルデラを形成しました。このとき噴出した支笏火砕流は，20km以上離れた札幌市にまで達しました（II章参照）。カルデラ形成後に活動した「後カルデラ火山」は，風不死，恵庭そして樽前火山の順に活動を開始しました。ここでは，これらの後カルデラ火山について観察していきます。

地　形　図　　2.5万分の1「恵庭岳」「支笏湖温泉」「樽前山」「風不死岳」「石山」
　　　　　　　5万分の1「樽前山」「千歳」「石山」「恵庭」
　　　　　　　20万分の1「札幌」

交　　　通　　このコースは車が便利です。

山麓コース　　①恵庭岳登山口—(9.7km)→②オコタンペ湖—(17km)→③旧料金所—(9km)→④モーラップキャンプ場

樽前登山コース　⑤樽前山頂火口東縁（七合目登山口から約1.2km）—(1.2km)→⑥唐沢源頭—(0.7km)→⑦西山

1 恵庭岳と樽前山(支笏火山)　125

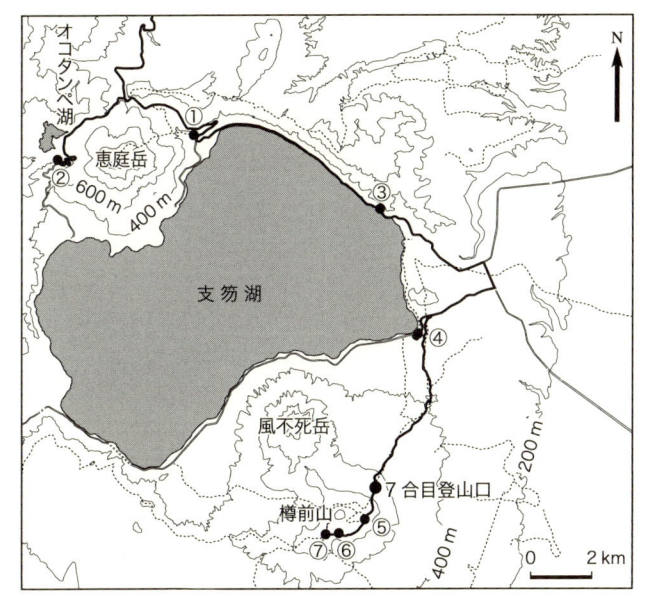

図1　支笏カルデラ周辺の案内図

## 山麓コース——恵庭岳の噴火を探る

### ①恵庭岳登山口——支笏湖に駆け下りた流れ山

　駐車スペースの南側に，大きな岩塊が積み重なった小山があります。これは17世紀の恵庭岳噴火の産物です。この噴火では，山頂部が崩壊し「岩屑なだれ」が東斜面を駆け下り，支笏湖に流入しました。これにより湖畔に扇状地が形成され，現在はキャンプ場となっています。岩屑なだれ堆積物には，破砕から免れた元の火山体の一部が小山となっていることが普通に見られ，「流れ山」といいます。駐車場にある小山も流れ山です。

　駐車スペースに沿って涸れ沢があり，その対岸に大露頭があります。この露頭は大きな軽石が積み重なってできていることがわかります。

図2 地点②拡大図

図3 地点②から見る滝。恵庭岳の溶岩流が堰き止めた結果できたことがよくわかる。

これは約1.7万年前の恵庭a降下軽石(En-a)と呼ばれ，帯広周辺まで火山灰として飛んでいます。この噴火は4万年前のカルデラをつくった巨大噴火につぐ規模で，直径2～3kmはある小型のカルデラをつくったと考えられます。この降下軽石層の厚さと軽石の粒径を考えると，火口はごく近いと考えられますが，そのような痕跡は認められません。おそらく恵庭岳の下に隠されているのでしょう。

②**オコタンペ湖**——恵庭岳の溶岩流によって生じた湖

オコタンペ湖は恵庭岳の溶岩流が河川を堰き止めて生じた湖です。第二オコタンペ橋から上流を眺めると，オコタンペ湖から流れ出す水が滝をつくっています(図3)。滝の下の部分，そして滝の左側の崖には赤みを帯びた溶岩が露出しています。これは300万～200万年前の古い火山体の一部です。一方，滝の右側の崖は黒い溶岩が露出しています。これは恵庭岳のなかでも比較的新しい時期の溶岩流で，2,000年ほど前のものです。これを見ると，古い火山体のつくる谷を恵庭岳の溶岩流が堰き止めた，ということが納得できるでしょう。なおこの場所は春または晩秋の，木々の葉がない時期がよく観察できます。橋

**図4** モーラップキャンプ場湖畔で見られる樽前山1739年噴火の火砕流露頭(地点④)

の先，500 m ぐらいのところに駐車スペースがあります。

**③旧有料道路料金所**——火山3兄弟を比較する

　ここからは，左から樽前山，風不死岳，そして恵庭岳が見えます。3つの火山は形状が違いますが，これは山体の構造の違いと，形成年代の違いによる侵食程度の差を反映しています。

　風不死岳は，中腹から山頂にかけて急峻で，山頂部はいくつかのピークに分かれています。これらは山体中心部を構成する溶岩ドーム群です。中腹から山麓部の緩斜面は，溶岩ドームが崩落することで生じた火砕流堆積物や，土石流堆積物から構成されています。そして形成年代が古いために侵食による深い谷が刻まれています。

　風不死岳に続いて活動を開始したのは恵庭岳です。恵庭岳にも溶岩ドームは複数形成されていますが，それに加えて山体を溶岩流が流下しています。左側の斜面を見てください。湖から山頂にかけてのラインにいくつかの段があるのがわかります。この段はそれぞれが溶岩流の末端の急崖です。

　最後に，樽前山が約9,000年前から活動を開始しました。この火山

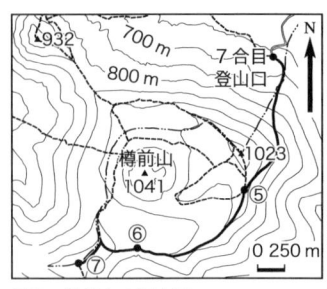

図5 樽前山の案内図

図6 山頂火口東縁(地点⑤)から見る溶岩ドーム

の山体は、降下軽石と火砕流から構成されているために、斜面はゆるやかです。また新しい火山ということで、侵食もほとんど受けていません。

**④モーラップキャンプ場**——樽前山大噴火の産物を見る

キャンプ場の南西にログハウス風のライダーハウスがあり、駐車場の道路をはさんだ反対側に、木のはえた高まりがあります。その横から通常の水位だと湖畔に下りることができ、その先に露頭が見えます(図4)。ここでは発泡した軽石などを茶褐色の火山灰が埋めています。これは火砕流で1739(元文4)年の樽前山大噴火の産物です。この火砕流には軽石に加えてスコリアや縞状軽石も普通に含まれることから、この噴火では異なるマグマの混合が起こっていたことがわかります。

**樽前登山コース**——樽前山の噴火を探る

樽前山登山道沿いの見学ポイントを紹介します。現在、火山活動のため山頂火口(外輪山)内部は立入禁止です。登山の際には、気象台のだす情報や、7合目駐車場にある看板などに注意して下さい。

figure省略

**図7** 1739年火砕流，1874年降下堆積物と100年前の噴出物（地点⑥）

### ⑤樽前山頂火口東縁──中央火口丘に形成された溶岩ドーム

　7合目から登山道は，軽石による斜面でつくられています。これらの軽石は1739(元文4)年噴火の降下軽石です。ときおり暗灰色をしたガラス質光沢を示す火山弾も見つかります。登りつめると山頂火口縁に到達し，視界が広がります。火口は径約1.3kmで，そのなかには1909(明治42)年に形成された溶岩ドームが望めます(図6)。火口原はドームに向かってゆるやかに盛りあがっています。これは山頂火口内に形成された中央火口丘で，1804(文化元)～17(文化14)年ごろに形成されたと考えられています。1909(明治42)年の溶岩ドームは中央火口丘の火口内で形成されました。

### ⑥唐沢源頭──火口近くの噴出物を見る

　登山道を南に向います。途中の山頂火口壁内部は，二重山稜地形をしています。これは火口壁の一部が地すべりを起こして，火口内部にずり落ちて形成されたと考えられています。さらに進むと，唐沢の源頭部にでます。沢の底と沢壁の大部分には1739(元文4)年の火砕流堆積物が露出しています(図7)。火口の近くの堆積物なので，軽石が大

**図8** 西山で見られる17世紀以降の降下軽石層(地点⑦)

型で量も多く,それらを支える火山灰からなる基質は少なくなっています。この火砕流の上位には,全層厚2mほどで,スコリアや灰色の軽石から構成され,粒径が比較的揃った,1874(明治7)年の降下堆積物があります。3枚のユニットに分かれますが,下位は灰色軽石に富み,中～上位ではスコリアに富むようになり,灰色部分とスコリアがまじりあった縞状軽石も認められます。

⑦**西山**――1667年と1739年の降下軽石堆積物

　火口縁をたどり西山のピークを目指しましょう。途中,西山山腹に三角形の大露頭があります(図8)。何層かの堆積物が山の外形と同じカーブを描いて堆積しています。この堆積様式は降下堆積物の特徴のひとつです。これらは,1667(寛文7)年と1739(元文4)年噴火の降下軽石層です。西山山頂の金属製の塔は,国土地理院のGPSです。山頂で展望を楽しんだら,登りのルートをたどり下山するか,火口縁北部の北山腹をたどって7合目駐車場に行くのもよいでしょう。

1 恵庭岳と樽前山(支笏火山)　131

**図9** 南東側上空から望む後カルデラ火山。手前から樽前山，風不死岳および恵庭岳の3火山が一直線上に並ぶ。

## 一直線に並ぶ樽前・風不死・恵庭の3火山

　図1の案内図を見ると，3つの後カルデラ火山は，北西 - 南東方向に一直線に並んでいることがわかります(図9)。この方向は，太平洋プレートが南西北海道の下に沈み込んでゆく方向と一致します。プレートが沈み込んでゆく際に，南西北海道を北西 - 南東方向に押すことで，その方向に割れ目が発達しやすくなります。支笏カルデラ形成後に発生したマグマは，この割れ目を使って噴火を続け，樽前・風不死・恵庭の3火山がつくられたのです。このように火口の並びや火山体の配列は，その地域に加わっているプレート運動などによる，力の大きさやその方向を反映しているのです。

　この例では3つの火山が新しいので，現在に近い時期のプレート運動を推測することができました。同様のことを，すでに活動を終えた古い火山に適用すると，現在では観測することもできない，過去のプレート運動を復元することもできるのです。

　　　　　　　　　　　　　　　　　　　　　　　　　(中川 光弘)

## 2 登別

見どころ　　クッタラ火山の後カルデラ活動で生まれた登別(のぼりべつ)温泉の周辺では、活発な噴気活動を行う潜在ドームや、過去の水蒸気爆発で形成された爆裂火口など、荒々しい火山地形を見ることができます。温泉の湧出も活発で、地獄谷では一定周期で湧きでる間欠泉(かんけつせん)も見られます。

登別を含むクッタラ火山は活火山に指定され、大湯沼や地獄谷などで過去8,000年間に10回以上の水蒸気爆発が起きたことが判明しています。最近では、約200年前に日和山(ひよりやま)、大湯沼、地獄谷を含む7か所以上の地点で水蒸気爆発が起きました。

現在見られる地形は、これらの火山活動により形成されたものです。登別の遊歩道を歩いて、活きている火山を間近で観察してみましょう。

地形図　　　2.5万分の1「登別温泉」
5万分の1「登別温泉」
20万分の1「苫小牧(とまこまい)」

交　通　　　このコースは車が便利です。

コース　　　①、②大湯沼と日和山―(1.5 km)→③地獄谷―(0.7 km)→④笠山(かさやま)

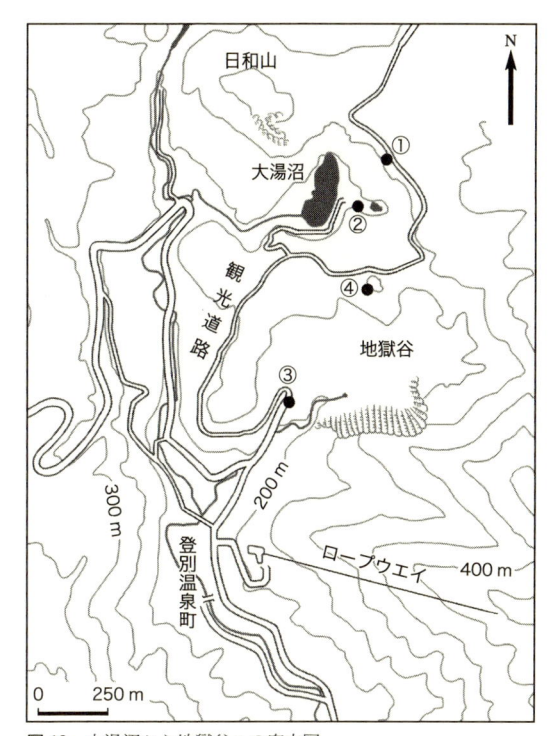

**図 10** 大湯沼から地獄谷への案内図

### ①，②大湯沼と日和山——爆裂火口と潜在ドーム

　大湯沼と日和山は，登別温泉からクッタラ湖へ向かう観光道路の駐車場(地点①)から見ることができます(図11)。大湯沼は長径200 m，短径100 mの楕円形の火口で，過去の噴火による複数の爆裂火口が重なりあって形成されました。沼の水位が低いときは，沼のなかに複数の火口地形が現れ，火口が重なっている様子を観察することができます。

　日和山はデイサイトの潜在ドームです。潜在ドームとは，粘性の高

図11 地点①から見た大湯沼と日和山

いマグマが地表付近の地層に貫入し，地層を押しあげてつくった山で，広い意味で溶岩ドームの一種です。日和山の山頂には小さな爆裂火口が開いており，そこから活発な噴気活動が行われています。この爆裂火口は，約200年前に形成されたものです。

大湯沼の駐車場(地点②)付近では，大湯沼や奥の湯などの火口から噴出した噴石を観察することができます。駐車場から地獄谷に向かう遊歩道を少し登ったあたりがよいでしょう。噴石は地表に散在し，大きなものでは直径1mもあります。これらの噴石は，1663年の有珠b降下軽石(Us-b)の上位にあることから，約200年前の噴火で噴出したと考えられます。

### ③地獄谷

地獄谷は登別温泉の泉源です。登別温泉の駐車場(地点③)から遊歩道を歩き，噴気帯や温泉の湧出を観察しましょう(図12)。地獄谷は大湯沼と同様に，爆裂火口が重なりあって形成されましたが，下流の登別温泉側が開いた谷となったため，火口地形は侵食されてわかりにくくなっています。遊歩道の終点には，鉄泉池と呼ばれる間欠泉があり

**図 12** 噴気活動が活発な地獄谷(地点③)

ます。

#### ④笠山

　地獄谷の北側にある笠山(地点④)を,遊歩道の終点近くで見学しましょう。笠山の南西斜面では 1974 年秋から新しい噴気帯が出現し,地温が上昇して,約 70×45 m の範囲の草木が枯死しました。これを「笠山異変」と呼んでいます。幸い,噴火は起こらず,噴気帯の拡大は 1975 年秋に止まりましたが,ここが活火山であることを改めて認識させる事件でした。

　活発な地熱活動は,最近でも起きています。2007 年 5 月に湯沼のひとつである大正地獄において,泥まじりの熱水が激しく噴出しました。その高さは 1～2 m,ピーク時では 7～8 m に達しました。同じようなことは,大湯沼や奥の湯などほかの場所でも起こることが考えられ,今後の活動に注意が必要だと思われます。

(後藤　芳彦)

## 3　有珠山と昭和新山(洞爺火山)

見どころ　　有珠山は，日本有数の活火山であり，最近では2000年に噴火しました。その活動は地殻変動をともない，温泉街に大量の火山灰を降らせ，大きな被害をもたらしました。しかし，湖畔に湧きでる温泉や満々と水を湛える洞爺湖など日本有数の観光地でもあります。

ここでは，洞爺火山や有珠山の活動の歴史を通して，自然と共存する人間のあり方を見ましょう。

地 形 図　　2.5万分の1「虻田」「壮瞥」「伊達」

5万分の1「虻田」「伊達」

20万分の1「室蘭」

交　　通　　車が便利です。

道央自動車道「伊達I.C.」または「虻田洞爺湖I.C.」

コ ー ス　　伊達市街—(2.9 km)→①伊達市上館山町—(3.4 km)→②伊達市ヘリポート—(5.8 km)→③新山沼展望公園—(3.3 km)→④昭和新山→⑤有珠山頂火口原—(6.7 km)→⑥金比羅火口災害遺構—(2.0 km)→⑦西山火口散策路—(9.4 km)→⑧有珠善光寺

3 有珠山と昭和新山(洞爺火山) 137

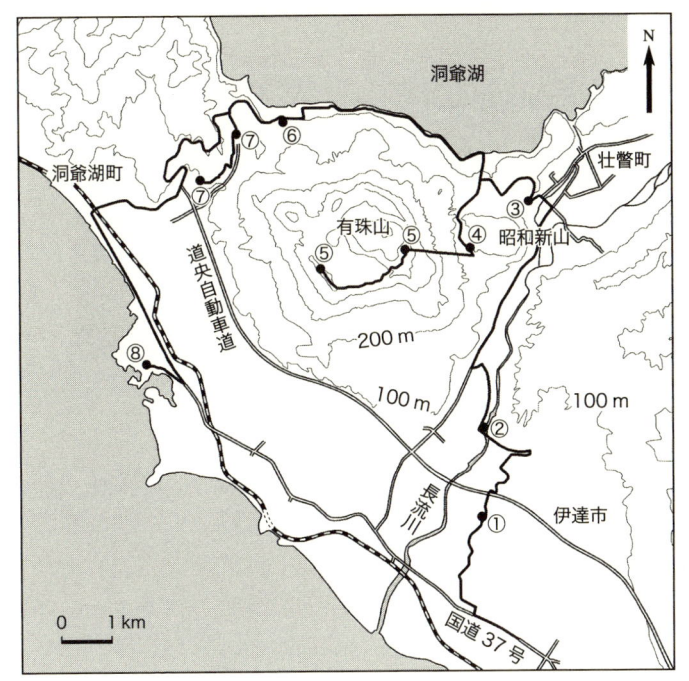

**図13** 有珠山周辺の案内図

## ①伊達市上館山町——道南の巨大噴火のさきがけ「洞爺火砕流」

　伊達市街の国道37号を西へ向かい,伊達警察署の手前で右折し細い道に入ります。そのまま道なりに進むと道幅が広くなり,左手に清掃センターが見えますので,道路わきに駐車しましょう。

　ここでは,道南の巨大噴火のさきがけ,洞爺火山の爆発によって噴出した洞爺火砕流を眺めることができます(図14)。この火砕流は,支笏火砕流のように溶結していません(Ⅱ章参照)。

　また上位には複数の堆積物が見られますが,主なものはクッタラ火山,支笏火山,中島火山,そして有珠火山より噴出したものです。こ

**図14** 上館山町より眺める洞爺火砕流(Tpfl-4)。破線の上は，クッタラ火山・中島火山・支笏火山・有珠火山由来の噴出物

のことから，洞爺火山の噴火とカルデラ形成を皮きりに，道南で巨大噴火が続いたことがわかります。

### ②伊達市ヘリポート

①の露頭からさらに北に向かい，洞爺湖温泉・昭和新山方面へ向かって下さい。トンネルをくぐると，道路右側にヘリポートがあります。そこに駐車して，往来する車に注意して道路を横断しましょう。

ここでは，地点①の露頭で観察した洞爺火砕流を眺めることができます。この火砕流は2つの堆積物(上位がTpfl-4で下位がTpfl-2)からなっており，この地域の台地をつくりあげています。

### ③④新山沼展望公園(ドンコロ山)・昭和新山
——同じ小山でも，こんなに違う

地点②よりさらに進み，壮瞥町市街方面へ向かうと，左手に「北の湖記念館」が見えてきますので，その角を左折して下さい。橋を渡って道なりに進むと，道路は登り坂になります。その坂を登りきったら道路右側に「新山沼展望公園」があるので，そこに駐車しましょう。

有珠山は1万年前ころから活動し，富士山のような形の成層火山を

3 有珠山と昭和新山(洞爺火山) 139

1663年噴火以降の噴出物

ドンコロ山
スコリア丘噴出物

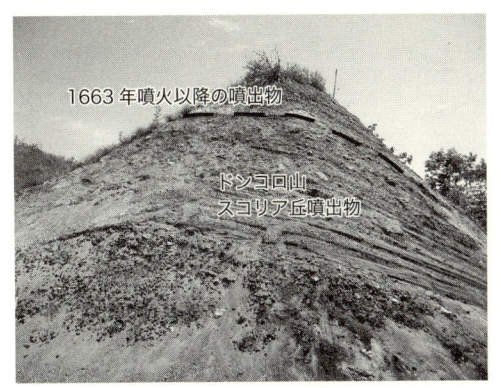

**図15** 新山沼展望公園におけるドンコロ山スコリア丘噴出物

形成しました。ドンコロ山は，その寄生スコリア丘です。ここでは，ドンコロ山スコリア丘の噴出物を観察することができます(図15)。黒色のスコリア・細かい火山灰のそれぞれが濃集する層が2m以上の厚さで積み重なっています。スコリア丘は，このような積み重なりによってできているのです。この地点より先に進むと，左手に低地が見えてきますが，これはドンコロ山スコリア丘の火口です。

西へ進むと，道道にでるので，昭和新山に向かい左折します。しばらく進むと案内板が見えますので，それに従い，駐車場に入ります。ここでは，1943～1945年の活動によってつくられた昭和新山を眺めることができます(図16)。昭和新山は，もともと畑だったところがマグマにより押しあげられできたもので，潜在ドームである屋根山と，それを突き抜けた溶岩ドームからなります。

これらの生成を記録した三松正夫氏の功績「ミマツダイアグラム」は，世界的にも有名です。隣接する三松正夫記念館(電話：0142-75-2365)に，その詳細が展示されていますので，ぜひ立ち寄って下さい。

図16 1943〜1945年噴火で形成された昭和新山の溶岩ドーム

### ⑤有珠山外輪山遊歩道──山頂ハイキング

　昭和新山には，有珠山ロープウェイがあるので，天気がよければ山頂へ行きましょう。山頂に着くと，「洞爺湖展望台」がありますので，そこから洞爺湖と中島火山群，遠方には羊蹄山というすばらしい景色と，先ほどの昭和新山の屋根山と溶岩ドームの関係を観察することができます。そこから，外輪山遊歩道へ進んでいきます。観察ポイントとしては，「外輪山展望台」まで行くのがお勧めですが，往復1時間半程度かかるので，遊歩道の途中まででもかまいません（図17）。

　外輪山展望台では，1977〜1978年噴火の潜在ドームと火口，そして江戸時代以前の噴火により形成された，複数の溶岩ドームを観察することができます。向かって一番左が小有珠溶岩ドーム，一番右が大有珠溶岩ドームです。小有珠溶岩ドームの麓で噴気があがっていますが，これは1977年噴火の火口があった場所です。その右側の絶壁は1977〜1978年噴火の潜在ドーム「有珠新山」で，約180mも隆起しました。その際，右側のオガリ山潜在ドームを押しあげました。

　その手前にある大きなくぼみは1978年噴火の「銀沼火口」です。

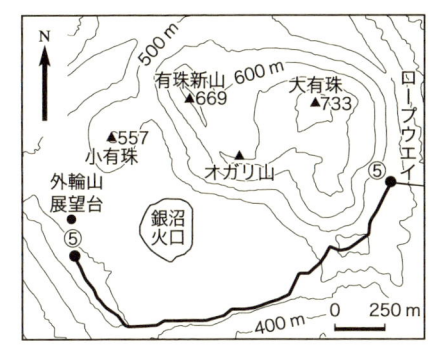

図17 有珠山山頂付近の案内図

その壁には、マグマ水蒸気爆発によるサージ堆積物が重なっています。火口壁なかほどのところどころに木がありますが、これらを結ぶと、噴火以前の山頂の地表面になります。山頂火口には、1978年の噴火の際の噴出物が相当な厚さで堆積していることがわかります。

**⑥金比羅火口災害遺構散策路──噴火災害を巡る**

　地点④より引き返し、洞爺湖温泉へ向かいます。温泉街に入ると右側に「わかさいも本舗」が見えますので、その手前の信号を左折して下さい。右手にある洞爺湖ビジターセンターの駐車場に駐車します。

　駐車場の裏手の丘に散策路の入口があり、展望広場になっています。そこから遺構全体を眺めましょう。今は砂防ダムが再建されていますが、2000年噴火時にはそこを熱泥流が流れ、溢れだし、住宅地に大きな被害を与えました。散策路を進むと、先ほど見えていた建物の被害状況を見ることができます(図18)。1階が埋まってしまっている建物や、流された「木の実橋」は、泥流の威力を物語っています。

　先ほどのビジターセンターには、巨大空中写真を中心に洞爺湖周辺の自然について展示されています。また、「火山科学館」が併設されており、2000年噴火と1977～1978年噴火の展示だけでなく、世界の

**図 18** 熱泥流の直撃を受けた桜ヶ丘団地

火山についても解説があります。地点④より洞爺湖温泉に向かう途中には，1977年噴火の地殻変動で大きな被害にあった「三恵病院」もありますので，時間があれば訪れてください。

**⑦西山火口散策路**

地点⑥から洞爺湖町市街に向かいます。しばらく行くと「西山火口散策路」への案内板が見えますので，それに従って下さい。散策路の入口手前には駐車場があります。

2000年噴火では，マグマの貫入により地表が約70 m隆起し「潜在ドーム」が形成されました。ここでは，その地殻変動の爪痕を観察します。まず散策路入口に「西山火口沼」があります。これは，地殻変動により国道が破壊され，地下水が堰き止められたものです。

しばらく進むと，枕木の散策路に差しかかり，階段状になった道路を見ることができます。これも地殻変動の傷跡で，正断層によるものです。さらに進み第一展望台まで行くと，活発に噴気をあげるN-B火口が間近に見えるでしょう。ここで振り返ってみると，これまで潜在ドームを登ってきたことがよくわかります。この先の第二展望台では，地殻変動により破壊された建物や道路を見ることができます。

3　有珠山と昭和新山(洞爺火山)　143

**図19** 地殻変動の被害を受けた旧わかさいも工場。このあたりは地溝帯のため，盆地状になっている。

　ここは変位が異なる正断層にはさまれた「地溝帯」にあたり，凹地になっています。また建物の屋根に，複数の大きな穴があります(図19)。これは，火口から弾道軌道を描いて放出された岩石「火山弾」が突き破ったものです。散策路南口にある洞爺湖幼稚園でもその被害が見られることから，火山弾の被害が遠方まで及ぶことがわかります。

### ⑧有珠山の大崩壊と有珠善光寺

　地点⑦から洞爺湖町市街へ進み，国道37号にでて伊達方面へ向かいます。「道の駅あぶた」を過ぎてしばらく進み，善光寺方面への案内板の角を右折します。少し進むと右手に善光寺跡があり，その手前の道を右折すると善光寺の駐車場があります。

　このあたりから有珠湾を見ると，大小の小山が点在しています(Ⅵ章の扉写真参照)。これは，約7,000年前に有珠山が山体崩壊を起こした際の岩屑なだれ堆積物です。山体を構成していたものが流れると，一部は途中で止まり「流れ山」という小山をつくります。善光寺境内の小山も流れ山であり，いたるところに溶岩が露出しています。善光

**図 20** 善光寺境内の石割桜。この石も有珠山を構成していた溶岩である。

寺は「石割桜」で有名ですが,その「石」も有珠山の山体を構成していた溶岩なのです(図20)。また,このあたりでは採石場が多数稼働しており,有珠山の溶岩は庭石として活用されています。

### 火山との新たな共生の形——ジオパーク「洞爺湖有珠山」

有珠山 2000 年噴火後,地質的・文化的に意義のある洞爺湖周辺を自治体中心で整備し「自然の博物館」にしようという「エコミュージアム構想」が立ちあがりました。周辺地域や専門家の連携により,火山遺構の保存をはじめとする火山との共生の歴史の伝承,地域を取り巻く自然や文化の総合学習の促進,住民参加型の地域振興および産業育成,といった活動が活発になり,2002 年にエコミュージアム宣言を提唱するに至りました。本章で紹介した観察ポイントのほとんどは,エコミュージアム活動の一環として整備されたものなのです。

このような活動は,世界的にも重要視されており,ユネスコの支援により 2004 年に世界ジオパークネットワークが発足しました。「ジオパーク」とは「地球活動の遺産(地質遺産)を主な見どころとする自然

**図21** 南側上空から見る有珠山と中島火山，洞爺湖。世界ジオパークに認定された。

公園」という意味で，地質遺産だけではなく考古学や生態学的な価値も必要とされています。日本での初めてのジオパーク登録を目指して，「洞爺湖有珠山」は「糸魚川」や「島原半島」とともに国内審査を経て，世界ジオパークネットワークに申請しました。そしてこれら3地域は2009年8月に，日本初の世界ジオパークとして認定されました。現在(2010年10月)では77の世界ジオパークがあります。「洞爺湖有珠山」地域は火山に代表される地質遺産だけではなく，入江貝塚などの縄文遺跡や噴火から復活した豊かな森林や湖など，見どころがたくさんあります。さらに2008年に「ジオパークは地質災害に対する知識共有に役立つものである」と明言されたことから，度重なる有珠山の噴火を経験し，火山との共存をはかるこの地域は，ジオパークとしてはふさわしいのではないでしょうか。

(松本 亜希子・中川 光弘)

## 4　羊蹄山とニセコ

見どころ　羊蹄山（ようていざん）とニセコ連山が過去1万年間で噴火した実績のある「活火山」であることは，あまり知られていないと思います。ここでは複雑な歴史をもつ，ふたつの火山を探りましょう。

羊蹄山は「蝦夷富士（えぞふじ）」とも呼ばれ，富士山と形が似ているだけではなく，その形成史もよく似ています。富士山では，古富士と呼ばれる別の火山体が存在し，それをほぼ完全におおって今の「富士山」が形成されています。同様に羊蹄山も，そのなかに別の火山体（古羊蹄山）が隠されています。今の羊蹄山は古羊蹄山を完全におおい，山頂とともに山麓部でも噴火を起こし複数の側火山が形成されました。半月湖（はんげつこ）はそのうちのひとつで，火口に水がたまった火口湖です。

ニセコ火山は単独の火山ではなく，日本海側の雷電山（らいでんやま）からニセコアンヌプリまで，東西約25 kmにわたる一大火山群の総称です。この火山群は200万年以上の長期にわたり活動を続け，ゆっくりと現在まで成長してきました。そのなかでチセヌプリ〜イワオヌプリにかけては，約10万年前から活動を開始した新しい火

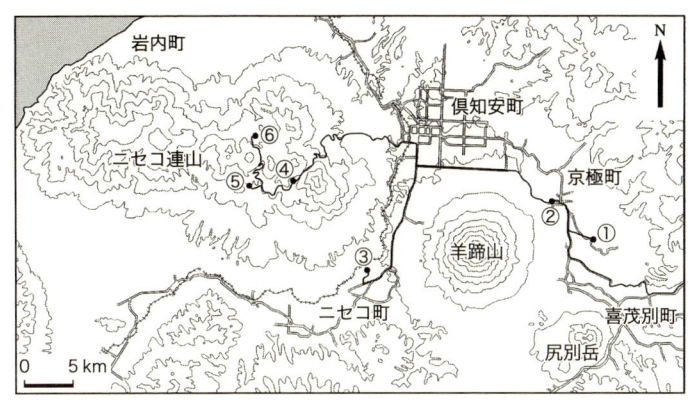

図 22 羊蹄山とニセコの案内図

山です。マグマに熱せられた地下水の熱水活動は継続しており，それにより戦前まで採掘された硫黄鉱床や，五色温泉に代表される温泉群が形成されました。

地 形 図　2.5万分の1「チセヌプリ」「ニセコアンヌプリ」「ニセコ」「倶知安」「京極」「羊蹄山」「喜茂別」
　　　　　5万分の1「岩内」「倶知安」「ニセコ」「留寿都」
　　　　　20万分の1「岩内」

交　　通　車が便利です。札幌より国道230号。

羊蹄山ルート　中山峠—(23 km)→①川上温泉東方—(6 km)→②ふきだし公園—(23 km)→③有島記念館

ニセコドライブルート

　　　　　倶知安市街—(33 km)→④五色温泉—(5 km)→⑤湯本温泉—(8 km)→⑥チセヌプリ大谷地

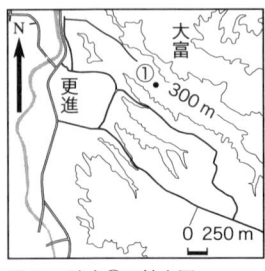

**図23** 地点①の拡大図

**図24** 地点①における大露頭。下部の厚い地層は留寿都火砕流，上位の縞模様の地層は羊蹄山由来の降下堆積物


## 羊蹄山ルート

### ①川上温泉東方——蝦夷富士の成長を探る

　川上温泉から京極方面に向かうと「仲ノ沢橋」があり，そこを右折します。途中から砂利道になり谷間を進むと左手に畑が広がります。その畑の奥に大きな露頭が見えます(地点①：図24)。露頭の前は広い空地があるので，そこが駐車スペースです。

　露頭の下部は白色の火山灰のなかに軽石が散在する火砕流で留寿都火砕流と呼んでいます。これは羊蹄山東方の火砕流台地をつくっている大規模なもので，洞爺火砕流をおおい，支笏火砕流におおわれています。留寿都火砕流がどの火山に由来するかはわかっていませんが，分布から尻別岳の噴火の産物ではないかと想像しています。

　火砕流の上位は，さまざまな厚さで，構成物の色も多様な多くの地層から構成されています。これらは下位の地形の凹凸に調和的に堆積しています。これは，羊蹄山の噴火で空中に吹きあげられた火山灰や軽石・スコリアが上空の風に流されて飛来し堆積した，降下堆積物の特徴のひとつです。これらの地層には4万〜3万年前から現在までの噴火の記録が残されています。そのうち，青褐色〜黒っぽい色の粒は

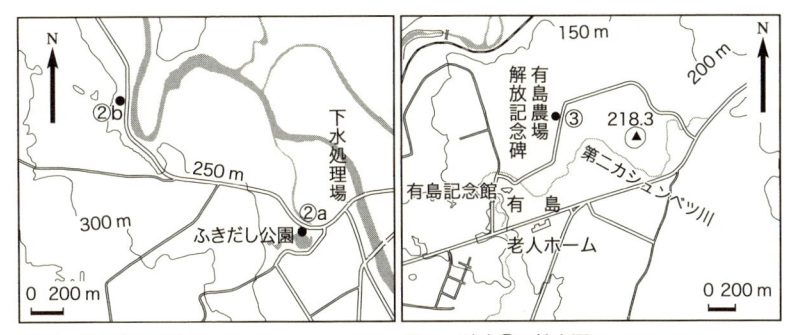

図 25　地点②の拡大図　　図 26　地点③の拡大図

スコリア，茶〜黄褐色の粒は軽石で，マグマの化学組成の違いを反映しています。火山灰層以外にはところどころに土壌層もはさまれており，噴火と噴火のない静かな時期を繰り返したことがわかります。

### ②ふきだし公園——溶岩流

　京極の市街地を抜けて「ふきだし公園」へ向かいます(地点②a)。ここは羊蹄山の溶岩流の先端からの湧き水です。羊蹄山は，地点①で見たようなスコリアや軽石が積み重なって成長した成層火山です。そのため山体にはすき間が多く，降水や雪解け水は山体にしみ込んで，長い時間をかけて山麓から湧きだします。ふきだしもそのひとつで，羊蹄山の周囲にはほかにもたくさんの湧水地点があります。

　公園から倶知安方面に向かうと，地点②bに溶岩流の露頭があります。道路から少し登ると砕石場跡があります。成層火山では，スコリアや軽石を吹きあげるだけではなく，溶岩も流出します。溶岩は斜面を流れ下り，山麓部の緩斜面まで到達すると停止します。露頭の溶岩を見ると1cmを超える白色〜無色の鉱物が点在していますが，これは灰長石（かいちょうせき）という鉱物です。

### ③有島記念館の周辺——古羊蹄山の岩屑なだれ

　羊蹄山の西山麓には小山が多数分布しています。この小山が分布する地域は，古羊蹄山が大規模に山体崩壊を起こしたときの堆積物（岩屑なだれ堆積物）が分布します。崩壊した山体は流下中にしだいに破砕され，山麓に広がります。小山は破砕がそれほど進んでいない火山体の一部で，流れ山と呼びます。有島武郎の記念館周辺でもたくさんの流れ山が分布しており，地点③ではその断面が観察でき，古羊蹄山の溶岩とそれを埋める火山灰からなっていることがわかります。これらの岩屑なだれ堆積物の存在から，古羊蹄山が存在していたことが明らかになったのです。古羊蹄山は7万〜6万年の時期に活動を開始し，標高1,000〜1,700 mの火山体が形成されました。4万年前ころに，古羊蹄山は西部が大規模に崩壊しました。

**図27**　北西上空より見たチセヌプリと神仙沼。
　　　　山体崩壊で生じた馬蹄形の火口が見える。火口壁の下流の延長は岩屑なだれ堆積物の縁の高まり（岩屑なだれ堤防）に続いている。神仙沼は岩屑なだれ堆積物上に形成されている。

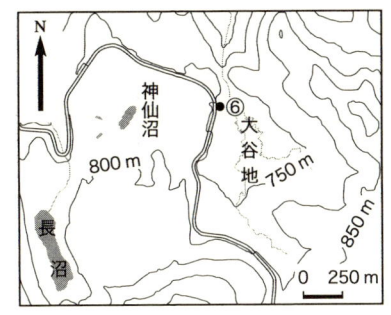

**図 28** 地点⑥の拡大図

### ニセコドライブルート―火山地形を見る

　羊蹄コースから引き続き,倶知安市街から五色温泉を抜けて,岩内方面を抜けるコースを紹介します。

#### ④五色温泉と爆裂火口

　五色温泉手前の駐車場から遊歩道を進み,爆裂火口を眺めましょう(地点④:図22)。この火口はイワオヌプリ(硫黄山)の中腹に,水蒸気爆発によって形成されました。この爆発はマグマで熱せられた地下水が関係しており,噴火後には火口から温泉が湧出し,それが五色温泉の源泉となっています。イワオヌプリは2万〜1万年前から活動したもっとも新しい火山で,爆発的噴火に引き続いて溶岩ドーム群が形成されました。確認された最後のマグマ噴火は約6,000年前です。

　ここはアンヌプリあるいはイワオヌプリへの登山口となっています。両方の火山体を眺めるには,ここより倶知安寄りに歩いて5分ほどの「お花畑」から眺めればよいでしょう。

#### ⑤湯本温泉――大湯沼

　五色温泉をさらに先に進むと岩内と昆布温泉方面への分岐があります。ここを昆布温泉方面に行くと,大湯沼で代表される地熱地帯があります(地点⑤:図22)。ここはチセヌプリ火山の山腹で起こった水蒸

図29 チセヌプリ岩屑なだれ堆積物の露頭

気爆発に関係した地熱地帯です。

**⑥チセヌプリ大谷地**──山体崩壊と神仙沼

　先の分岐を岩内方面に進むと，大谷地と呼ばれる高層湿原が広がります。地点⑥には駐車スペースがあります。そこからチセヌプリを眺めると，山体が北側に削れていることがわかります(図27)。これは山体崩壊の跡で，生じた岩屑なだれは山の北麓に広がりました。駐車場は大谷地よりも高く，その岩屑なだれの縁にあることがわかります(図28)。

　駐車場から神仙沼方向に進むと，両側に切割が続き，岩屑なだれ堆積物を観察できます(図29)。ここでは岩塊が散在し，その間を細粒物が埋めています。これらは火山体を構成していた溶岩で，崩壊してここまで流下してくる間に破砕され，細粒物が生じました。観光スポットの神仙沼はこの岩屑なだれ地形の内部に形成された湖沼群なのです。

(中川　光弘・松本　亜希子・上澤　真平)

# VII 夕張岳へ

夕張市シューパロ湖岸から望む6月の夕張岳(奥中央)。左の前衛が前岳,右の突起はローソク岩(中川　充撮影)

# 1 馬追丘陵
―― 馬追丘陵中部の活断層（泉郷断層）と南長沼層 ――

見どころ 　馬追(うまおい)丘陵は南北延長37 kmに及ぶ細長い丘陵で，その中部を千歳川(ちとせがわ)の支流である嶮淵川(けんふちがわ)が丘陵を横断して西へ流れており，丘陵が隆起する前から川がすでにあったことを示します。この川沿いの地形・地質を観察すると，数十万年前以降に馬追丘陵が急激に隆起し，活断層を形成したことがわかります。

丘陵の骨格をなす地層は古第三紀末(2,900万～2,400万年前)の南長沼(みなみながぬま)層です。これをおおって2,000万年前以降の中新世の地層が背斜(はいしゃ)をなして分布します。

地 形 図 　2.5万分の1「南長沼」・「長都(おさつ)」・「三川」・「追分」
　　　　　5万分の1「恵庭(えにわ)」・「追分」

交　　通 　このコースは車が適しています。札幌方面からは道東自動車道の千歳東インターチェンジで下車し①地点から始め，北上すると便利でしょう。

コ ー ス 　①コムカラ峠―(5.5 km)→②いずみ学園付近―(3 km)→③幌加越え峠―(6 km)→④幌内(ほろない)

1　馬追丘陵　155

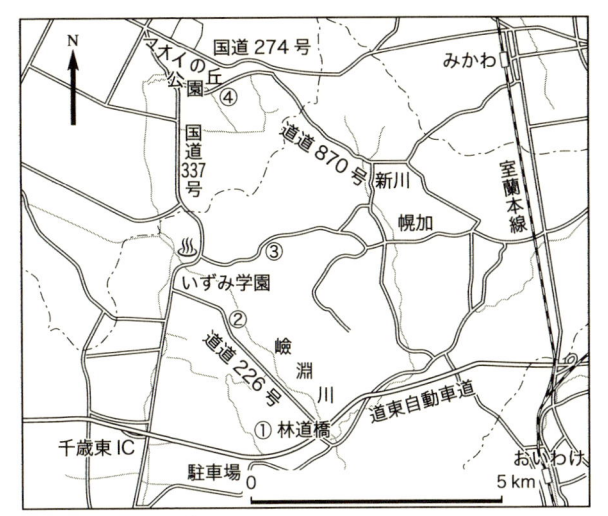

図1　馬追丘陵の案内図

### ①コムカラ峠──大掘削により発見された活断層

　千歳東インターで下り少し南に向かい，自動車道南側の道路を追分方面に向かった峠付近が①地点です。西側の長沼低地が展望できる駐車場に立つと，地形面が西へ傾く様子がわかります。それは自動車道工事の調査ボーリング資料を用いて描いた断面図(図2)でも明瞭です。

　駐車場から360m東へ下ると自動車道を北へわたる林道橋があり，そのすぐ西側で，最高位段丘面の東落ちのくびれとしてほぼ南北方向に通過するのが泉郷(いずみさと)断層です。工事で断層を出現させた掘削面は草におおわれ，今では詳しい様子は観察できません。泉郷断層は1.7万年前に降灰した恵庭a降下軽石を切断していることから，最新の活動はその降灰後で5,000年前ごろと推定されます。

### ②いずみ学園付近──活断層と追分層の急立帯

　①地点から嶮淵川沿いに3.5kmほど走ると，ふたたび峠に着きま

156　Ⅶ　夕張岳へ

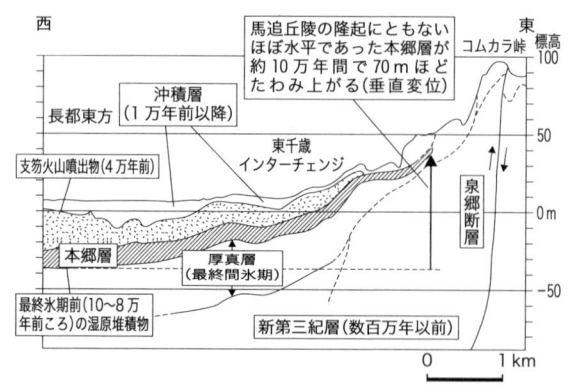

**図2**　道東自動車道(コムカラ峠付近)の地質断面図

す。嶮淵川西側丘陵の尾根沿いに①地点より北へ延びる泉郷断層は、この地点でも高位段丘面の東落ちのくびれとして現れています。工事の際に出現した活断層露頭(ろとう)の写真を図3に示します。

　切割の南側の畑の隅では、既存の露頭を掘り下げたピットで活断層調査が行われました。なお、道路登り口横には石油天然ガス資源探査井(基礎試錐「馬追」)跡があります。その南方600m付近には後期中新世追分層の大露頭、嶮淵川が台地を削り込む部分にも同様な露頭があります。ここでは、西傾斜の礫岩砂岩泥岩互層(れきがん)が観察できます。

　さらに、北側の台地ぎわには信田温泉(のぶた)・松原温泉(鉱泉)がありますが、信田温泉の泉源はちょうど泉郷断層上に位置しています。この付近の川や水たまりでは普段からメタン主体の天然ガスの泡の上昇が知られていましたが、2003年十勝沖地震など大地震による強震動発生の際には畑や宅地などの水のないところも含めてガスが水や土砂とともに噴出しました。泉郷断層は、信田温泉の北北西へ中位面の東への5mほどの撓み(たわ)として、さらに1.5kmほど続きます。

図3 いづみ学園付近の活断層露頭（白破線は断層線）

### ③幌加越え峠──滝の上層（中新世前期の火山活動）

　信田温泉から国道337号を100mほど北上すると幌加越え峠への道との分岐点があり，東へ1.5kmあまり進むと峠に到達します。この道はさらに東へ延びており，これに沿うエリアは千歳市の嶮淵川水系が夕張川(ゆうばりがわ)流域にくさび状に東方へ食い込んだ部分です（図4）。

　上り道の入口や途中には凝灰角礫岩(ぎょうかいかくれきがん)や軽石凝灰岩（火砕流(かさいりゅう)堆積物）の露頭があります。また峠の南側には安山岩質の溶岩や火山角礫岩の大きな露頭があり，地層は北東へ65°傾斜しています。これらの地層は中新世前半（2,000万〜1,500万年前）の滝の上層で，砂岩泥岩互層もともない，全体として火山活動を反映した堆積物です。峠を中心に延びる丘陵の尾根地形は，帯状の突出部として追跡できます。これは活断層による影響ではなく，滝の上層の硬い火山岩類による侵食地形と見なされます。

**図4** 東千歳地区の台地に食い込んだ嶮淵川流域(幌加川：右へ流れる)。台地と丘陵間を夕張川が北上(左へ流れる)

④**幌内**——南長沼層と油徴

　幌加越え峠から東に向かい新川経由で北上し，道道870号を西に進むと，④地点があります。河岸段丘の人工露頭には，ほぼ直立した南長沼層の破砕の進んだ泥岩砂岩互層が露出し，油徴が認められます。この東の小沢で見られる地層が45°前後の東傾斜であることや，道路沿いに行われた地震探査結果などから判断して，④地点付近には大きな断層があることが確実です。それは地下深部に追跡すると直立から東傾斜となる逆断層で，長沼断層と呼ばれています(図5)。このような断層を衝上断層またはスラストといいます。なお，この地点の西方900m付近の河床露頭にも滝の上層の破砕の進んだ急立帯が認められ，もう一本の断層の存在が想定されます。

　本地域の骨格をなす地層は古第三紀末(2,900万〜2,400万年前ころ)

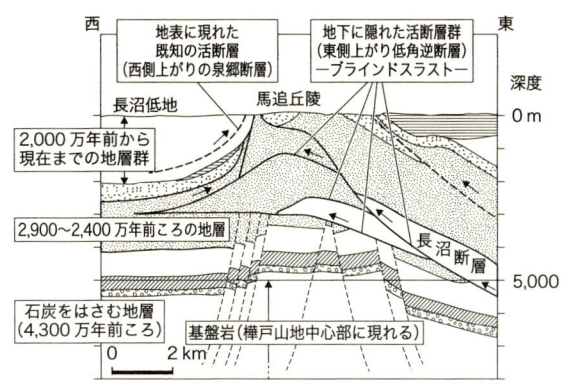

**図5** 馬追丘陵中部を横断する地質断面図

の南長沼層ですが，この地層は1996年実施の国の石油・天然ガスボーリング調査のなかで活断層の存在が明らかになりました。断面図（図5）に示すように，南長沼層を順次おおうように，滝の上層・川端層・岩見沢層・追分層などの地層（ほぼ2,000万年前以降）が東西に傾いて，大きく馬の背（背斜）をなして分布します。

さらに，これらの地層に付着するように数十万年前以降に形成された段丘が5面ほど存在しますが，古い段丘面ほどより大きく変位する傾向があり，西へ伸しあがるような運動（スラスト）により，丘陵西半では西へ傾いています（傾動）。

(岡　孝雄)

## 2　川端から紅葉山へ

見どころ　　札幌から国道274号を帯広へ向かって進んでいくと，由仁町川端を越えたあたりから急に夕張川の河岸に山がせまってきます。川端ダム，雨霧橋，竜仙橋付近では，河岸の崖に幾重にも積み重なった地層を見ることができます。これは川端層と呼ばれる，砂岩・泥岩・礫岩の互層で構成される地層で，中新世の中ごろ（1,500万〜1,000万年前）に，やや深い海で堆積したものです。その厚さは4,000mにもなり，500万年という地質学的には短期間のうちに海底へ大量の土砂が供給されたことを物語っています。なぜこのような地層ができたのか，露頭を観察しながら一緒に考えてみましょう。

地 形 図　　5万分の1「追分」「紅葉山」「夕張」
　　　　　　2.5万分の1「雨霧山」「川端」「十三里」「紅葉山」「上志文」

交　　通　　このコースには車が適しています。
　　　　　　①，②へは石勝線「滝ノ上」駅下車，④へは石勝線「新夕張」駅下車。③は岩見沢駅から毛陽交流センター行きのバスで第1朝日橋下車。

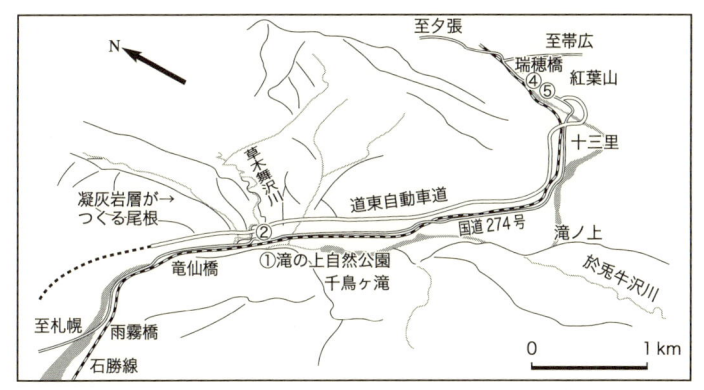

**図6** 川端から紅葉山への案内図(イラスト鳥瞰図で,距離・方位は概略)

コース　　①千鳥ヶ滝—(0.5 km)→②草木舞沢—(50 km)→③岩見沢市朝日(図11)—(30 km)→④夕張市紅葉山付近A—(0.1 km)→⑤夕張市紅葉山付近B

**①千鳥ヶ滝**——ライマンの踏査をさえぎった川端層の大露頭

　まずは気軽に行ける「滝ノ上公園」の千鳥ヶ滝に立ち寄ってみましょう。ここは秋の紅葉が美しい景勝地です。夕張川に架かる橋から上流へ目をやると,滝をつくって河床いっぱいに露出する地層が目に飛び込みます(図7)。国道から河岸に沿って見えていた川端層です。

　ここでは何枚もの板を斜めに立てかけたように規則正しく地層が積み重なって,しかも地層の面(層理面)が,右手(南西)に70°近く傾いています。侵食が進んでややへこんでいる部分が泥岩層や薄い砂岩と泥岩の互層,反対にやや突きだしているのが砂岩層です。へこんだ泥岩層の部分が水の通り道になっているのでよくわかりますね(図7の左の方)。砂岩層のほうが硬く削れにくいので,このようになるのです。砂岩層は厚いものでは3 mを超えています。

**図7** 千鳥ヶ滝の川端層。明治時代に北海道の地質調査を行ったライマン一行の行く手をさえぎった，というエピソードも残る。

　層理面は砂や泥が海底に堆積したときの面ですから，もともとはほぼ水平だったはずです。つまり堆積後，地表に持ちあげられるまでに受けた地殻変動により70°も傾いてしまったわけです。

　遊歩道へ下りていくと露頭に多少は近づけますが，河岸に近づくのは危険ですので，移動することにしましょう。

**②草木舞沢**──タービダイトと古流向

　滝ノ上公園から札幌方面に少し戻ったところ，夕張市と由仁町の境界を流れる草木舞沢に沿って林道が入っています。入口がわかりにくいので，地図で事前によく確認してください(図6)。砂利道を200〜300 mほど走り，道東自動車道の橋脚付近から草木舞沢へ下りてみましょう。道路の真下の崖に砂岩と泥岩の互層が見えます(図8左)。走向・傾斜を考えると，ここは千鳥ヶ滝の露頭の延長，つまりほぼ同じ層準になります。

　砂岩層には正級化構造を示すもの，粒度変化を示さず塊状のもの，平行葉理が発達するものなどがあります。厚さが1 m程度かそれ以上の砂岩層には，下底面にフルートキャストやグルーブキャストが見つかります(図8右)。また平行葉理の発達する砂岩層の葉理面には

**図8** 草木舞沢の川端層の砂岩泥岩互層(左)と厚い砂岩層の下底に発達するグルーブキャスト(右)。キャストの延びの方向が重力流の流れた方向を示す。

パーティングリニエーション(図9)が認められることがありますので，注意深く観察してください。

これらの堆積構造は，砂が重力流となって海底を流れ下ったときの方向を示していて，この場所では地層の走向にほぼ平行な北北東‐南南西であることがわかります。重力流とは，一般に砂・礫や泥などの砕屑物と水とが混合した流れで，重力の作用によって移動するタービダイトやデブリフローのことです。またフルートキャストは浅く広がっていく側が下流側なので，その形から当時の水の流れは南へ向かっていたことがわかります(IX章図16参照)。

川端層の砂岩泥岩互層は，河川の大規模な洪水時や暴浪時などに発生する重力流が，海底を流れ下って土砂を堆積させたもので，およそ500万年もの時間をかけてつくられたものなのです。

自動車道の下の露頭観察が終ったら，草木舞沢を下りていきましょう。地層の走向・傾斜から，上位の層準にしだいに移動していくことになります。100mほど進んで草木舞沢と支流との合流点付近を過ぎたあたりから，河床にまるで階段のようになった露頭が出現します。何となく先ほど見た砂岩泥岩互層とは雰囲気が違いますね。

図9 平行葉理砂岩の葉理面に発達するパーティングリニエーション(レンズキャップの右手に見える横方向の筋模様)。筋の方向が重力流の流れた方向

　ハンマーで叩いてみるとたいへん硬く，割れた断面を見ると表面に近いところは黄褐色，内部は青緑がかった色をしています。これは火山灰が固まってできた凝灰岩で，全体で15mほどの厚さがあります(図10)。凝灰岩層の基底付近には級化構造を示す部分があり，もっとも粗い部分には直径数mmの軽石片や岩片・鉱物片が含まれています。その上位は平行葉理の発達する細粒な凝灰岩層からなり，砂岩層や泥岩層をともなって互層をつくっています。

　凝灰岩層も重力流により運ばれて堆積したものと考えられ，厚さを変えながらも川端層分布域のほぼ全域，南北30kmにわたって広がっています。硬いので，2.5万分の1地形図でもはっきりわかる稜線をつくっています。このように広い範囲に追跡でき特定の層準を知る手がかりになる層を，鍵層と呼んでいます。フィッショントラック法による放射年代測定により，凝灰岩の年代はおよそ1,300万年前であることが明らかになっています。この年代は，同じ層準から産出した珪藻化石の示す年代とほぼ一致しています。凝灰岩は地層の堆積年

図10 草木舞沢河床に露出する川端層中の凝灰岩層と細粒砂岩，泥岩からなる互層

代を知る上でも有用です。

### ③岩見沢市朝日——砂礫はどこからきたのでしょう

　川端層を広い範囲で調査し堆積当時の重力流の古流向を計測すると，おもに北から南へ向かって流れていたことがわかります。②地点で観察されるフルートキャストも，南へ向かう流れを示していました。それを裏づけるように，川端層の分布の北限である岩見沢付近では，大きな礫を含む礫岩や砂岩が発達しています。少々離れていますが，岩見沢市朝日へ向かってみましょう。

　幌向川に沿って美流渡市街・夕張へ向かう道道38号を進むと，朝日市街地の少し手前に「朝日不動尊」の，のぼり旗が立っている場所があります。そこから川のほうへ下りて行きましょう。露頭の大部分が河床にあるため増水時には水没しますが，6月ごろには取水などで水量がぐんと減り，一面に露頭が現れます(図12)。

　砂岩や礫岩には平行層理や斜交層理が発達し，やや不明瞭ですが礫には北へ傾くインブリケーションも観察されます。また斜交成層する砂岩を1m程度の深さまで削り込むチャネル構造をもつ礫岩も多く見られます。中新世の岩見沢付近は，礫や砂などを多く含む重力流が

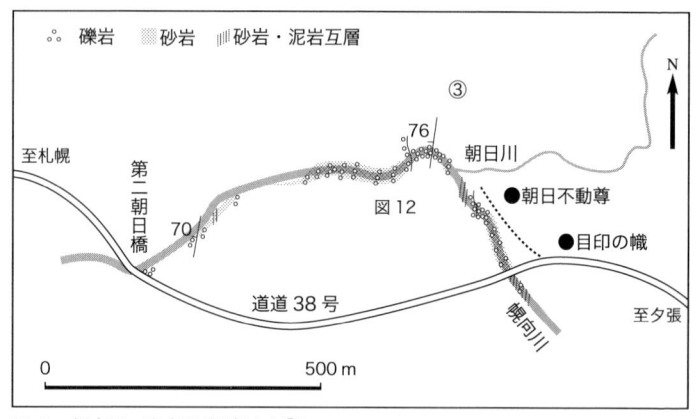

図11　幌向川の案内図(観察地点③)

南へ向かって活発に流れ下る場所に位置し，こうした堆積構造をもつ地層が形成されたと考えられます。

　さて，指先大〜拳大の礫を探してください。やや角張ったものからよく円磨されたものまであります。黒色の泥岩〜頁岩礫がめだちますが，緑色や赤色の珪長質凝灰岩やチャートの礫もわずかにあります。さらに，白っぽい花崗岩の礫が目につきます。この礫は川端層の礫岩を特徴づけるものとして，また礫の供給源を示すものとして注目されてきました。花崗岩礫の薄片をつくって観察すると，石英・斜長石・カリ長石が同じくらいの割合で入っています。また有色鉱物は，主に黒雲母と少量の白雲母からなります。黒雲母を分離してカリウム－アルゴン法による放射年代測定を行うと，4,500万年前ごろを示します。

　似たような岩相と年代をもつ花崗岩は北海道の北部，北見山地に知られています。そこで，川端層が堆積したころ，北見山地の土台をなす岩石(日高累層群)が急激に盛りあがり，山脈化したのだろうと考えられています。層準によっては直径が40 cm以上もある大きな花崗

図 12　幌向川河床に露出する川端層の礫岩砂岩互層。右手が層序的上位

岩礫が観察されますが，はたしてこれらの礫は本当に北見山地からやってきたのでしょうか。夕張と北見山地は，現在の直線距離でも100 km以上離れています。なにぶん1,000万年以上も昔のことですので，いろいろと検討してみる必要がありそうです（Ⅸ章参照）。

#### ④夕張市紅葉山付近——紅葉山層

千鳥ヶ滝から夕張へ向かって国道274号を進むと，川端層から順により古い地層が出現します。夕張市紅葉山付近の夕張川河岸には，新第三紀中新世前半（2,000万〜1,500万年前ごろ）の滝の上層，古第三紀漸新世（3,000万年前ごろ）の紅葉山層が露出しています。紅葉山市街で夕張川を渡るその手前，200 mほど札幌よりから夕張川の東岸に下ります。事前に地図でよく確認して下さい（図13）。

河岸に露頭が続いており，層理面は夕張川の下流に向かって50〜60°で傾斜しています。上流側の150 mほどの区間には主に緑灰色の砂岩，砂岩とシルト岩の互層が露出し（図14），その下流側（上位層準）には灰色のシルト岩が続きます。この地層が，紅葉山層です。

砂岩は侵食に対して強いためでしょう，川の両岸に連続して露出しています。砂岩層の内部にはっきりとした堆積構造は見られませんが，

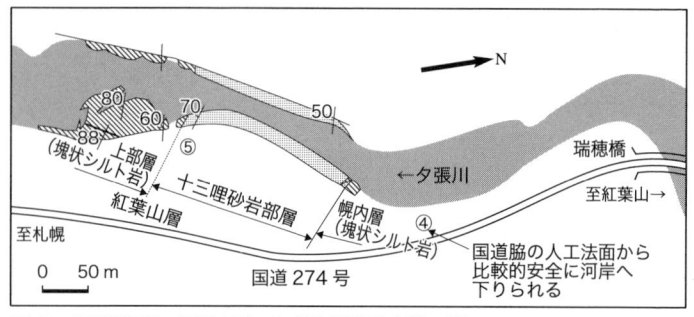

**図 13** 夕張川河岸，紅葉山層の案内図（観察地点④，⑤）

全体として厚層になっているものと，シルト岩の薄層と互層をつくるものがあるようです。また貝殻の破片を含む砂岩層もまれに認められます。紅葉山層から産出する有孔虫化石は浅海の環境を示し，陸棚のなかでも比較的陸地に近い，浅い海底で堆積したものと思われます。

### ⑤夕張市紅葉山付近——中新世基底の不整合

さらに下流では，渇水期には紅葉山層のシルト岩の上位（下流側）に，礫岩，含礫砂岩，凝灰質砂岩の露頭が水面に現れます。層厚は全部で15 m以上あるでしょうか。この礫岩からは流紋岩礫が多くなり，中新世の滝の上層になります。基底の砂岩・礫岩の上位では50 mほど露頭を欠いたあと，密集する貝化石を含む砂岩や，層理のはっきりしない暗灰色シルト岩が順に露出します。シルト岩には，ところどころに保存のよい貝化石が含まれています。

紅葉山層上部のシルト岩と滝の上層のシルト岩は色合いや硬さで大きな違いが見られませんが，微化石の検討により，後期漸新世〜前期中新世前半までの期間，およそ千万年分の地層記録が欠けています。このように地層記録のなかで大きな時間間隙を示す部分を，不整合と呼んでいます。不整合の上下の地層では地質構造が大きく異なること

**図14** 夕張川河岸，紅葉山層(砂岩シルト岩互層)

もありますが，ここでの地質構造には大きな差は見られません。

　この先の夕張川河岸には，滝の上層のシルト岩が断層により途切れながら滝ノ上付近まで露出しています。シルト岩には安山岩質の凝灰岩，蛇紋岩(Ⅶ章4節，Ⅸ章6節参照)，チャートの大きな礫を含むスランプ堆積物(海底で発生した地すべりや土石流の堆積物)が見られます。

　不整合に始まり，蛇紋岩礫を含むスランプ堆積物の形成，それに続く花崗岩礫を含む川端層のタービダイトの堆積は，前期中新世の終りから中期中新世にかけて，北海道の中央部に大きな変動が起こったことを示唆しています(Ⅷ章，Ⅸ章参照)。この時期はまた，日本列島が大陸から離れ，日本海が形成された時期に相当します。

(川上　源太郎)

## 3 夕張を歩く

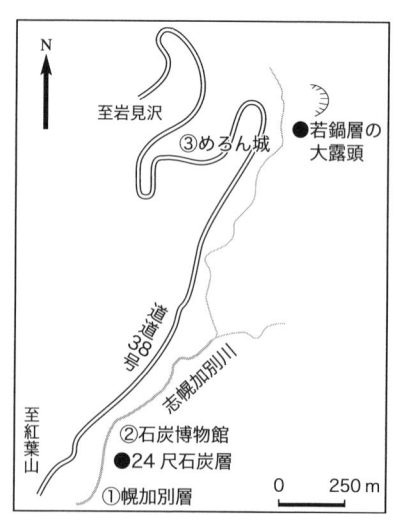

**図15** 夕張の案内図と石炭博物館

見どころ　　石炭は地層でもあり，化石でもあります。石炭とともに歩んだ夕張でそのことを実感しましょう。

地形図　　　2.5万分の1「夕張」
　　　　　　5万分の1「夕張」

交通　　　　このコースには車が適しています。
　　　　　　JR石勝線「夕張」駅下車。

コース　　　①石炭の歴史村—(0.5 km)→②石炭博物館—(1.8 km)→③めろん城

**図16** 幌加別層の炭質泥岩。石炭の薄層をはさむ

### ①石炭の歴史村──炭鉱のまち夕張

　まずは紅葉山市街から国道452号に入って北上し、夕張市街へ向かいます。清水沢で国道からそれて、夕張川支流の志幌加別川に沿う道道38号を走り、夕張本町にある「石炭の歴史村」を目指します。

　歴史村前の広い駐車場に車を停めたら、歴史村の入口に向かって志幌加別川のわきを歩いてみましょう。河岸に薄い炭層をはさむ砂岩と泥岩が見えますね(図16)。ほとんど水平な層に見えますが、それは層理面の走向が川に平行なためで、実際には20°弱の低角度で川の向こう側へ傾斜しています。この地層は石狩層群夕張層と呼ばれ、古第三紀始新世の中ごろ(5,000万～4,000万年前)、ゆるやかに流れる河川とその周辺で堆積した地層と考えられています。この時代、まだ日本海は存在しておらず、夕張を含めた日本列島の大部分はアジア大陸の端に位置していました。

　石炭層は植物の遺骸が集積してできたもので、顕微鏡で観察すると植物の組織や花粉が見えます。そのうち広葉樹種の葉化石に着目すると、当時の夕張は今よりもずっと暖かく、現在の西日本ぐらいの気温であったと推定されています。歴史村のなかでは、現地保存された夕張層の「24尺石炭層の大露頭」を見ることができます(図17)。この

**図17** 「石炭の歴史村」内にある24尺石炭層の大露頭

石炭層は石狩炭田における主要な稼行層でした。尺というのは昔の長さの単位で，24尺は7.3mになります。石炭層の厚さが7.3mあるわけです。1mの石炭層が形成されるためには，その5倍〜10倍の厚さの植物遺骸が集積することが必要だそうです。また砂や泥などが流入せず，微生物の分解速度を上まわって植物遺骸が集積するなど，数々の条件をクリアする必要があります。当時の空知付近は，大陸を流れる大河が海へと注ぐ低湿地帯に位置していたのでしょう。そしてこれだけ厚く植物遺骸が堆積する場所は，継続的な沈降地帯であったことを示します。この露頭は夕張の炭鉱の歴史を今に伝えるとともに，北海道天然記念物として現地保存されている大変貴重なものです。

### ②石炭博物館

　露頭の観察が終ったら，「石炭博物館」に足を運びましょう。産出する植物化石をもとに復元した古第三紀の空知の森をはじめ，模擬坑道とその内部の現地保存展示はすばらしいものです。

### ③めろん城——海成の若鍋層

　歴史村を後にし，夕張「めろん城」で一休みしましょう。ここから

**図18** 「めろん城」から見る若鍋層の大露頭

は，夕張層をおおう石狩層群若鍋層の全体像を眺めることができます。

　若鍋層は石炭層をはさまず，生痕(Ⅱ章2節参照)が発達した砂岩と泥岩からなる地層です。また貝化石などの海棲動物化石を含んでいます。このことは石炭が形成されるような低湿地から，浅い海へと環境が変わったことを示しています。さらに上位には，石狩層群 幾春別層と呼ばれる河川で形成された地層が再び堆積しています。幾春別層も石炭層をはさんでいて，夕張層とともに稼行対象となりました。このように石狩層群はおよそ1,000万年の間に，陸→海→陸へと堆積環境が変化したことを示しています。

　さて，石狩炭田を構成する古第三紀の地層を観察できる場所は，夕張市街とその周辺にたくさんあります。「空知の自然を歩く」に詳しい案内がありますので，そちらも合わせてご覧ください。

(川上 源太郎)

## 石炭博物館

　夕張は，かつて「石炭のまち」としてたいへん栄えました。夕張市石炭博物館は，日本の産業の発展に欠かすことのできなかった石炭のこと，そして炭鉱の歴史を伝えていくために1980(昭和55)年に開館しました。

　博物館の展示は，石炭の生成，石炭エネルギーの利用，採炭技術の移り変わりなど，さまざまな分野に及んでいます。また，見学の順路の最後では，本物の坑道である「史蹟夕張鉱」にヘルメットをかぶって実際に入ることができます。炭鉱の坑内見学ができる博物館は，日本国内ではほかに例のないものです。

　図19は，博物館のエントランスホールに展示されている大きな石炭の塊(幅が約170 cm)で，その重さは約3トンにもなります。夕張で掘り出された石炭は，質がよくカロリーが非常に高いため，工業用と

**図19** 石炭博物館に展示されている大きな石炭の塊

して用いられていました。夕張では，1890(明治23)年に石炭の採掘が始まり，1990(平成2)年に最後の炭鉱が閉山となりましたので，ちょうど100年間にわたって石炭が掘られたのです。

図20は「メタセコイアの森」のジオラマで，およそ5,000万年前の夕張を再現したものです。スギ科の針葉樹であるメタセコイアの大木が集積し，圧力と熱の影響を受けて，長い年月をかけて石炭になったと考えられています。

この地域には，何層もの石炭層が積み重なっています。こうした樹木の繁る森林が発達しては，それが地中に堆積し，さらにその上にまた森林が発達したことを示しています。炭層と炭層の間には，貝化石を含む地層(若鍋層)もはさまれており，かなりの長期間にわたって，この地域一帯が沈降地帯であったことがわかります。

夕張の炭鉱で稼行の対象となった石狩層群夕張層，そしてその上位の幾春別層からは，メタセコイアの葉の化石がたくさん発見されま

図20 メタセコイアの森のジオラマ

図21 コールピック採炭の様子。人形を用いた展示

す。メタセコイアの仲間は，5,000万〜4,000万年前には北半球に広く分布し，その分布域は北極圏にまで及んでいましたが，現在は中国の一地域にしか自生していません。また，化石の方が現在のものよりも先に発見されたことなどから，「生きている化石」と呼ばれることがあります。石炭博物館の玄関前と出口付近にメタセコイアが植えられていますが，北海道の寒い気候のためか成長は早くないようです。また，花や実をつけることもありません。

　図21は，石炭を掘る様子を再現したものです。コールピックと呼ばれる機械を使っていますが，このコールピックの動力はエアーコンプレッサーという機械で圧縮された空気です。炭鉱の坑道のなかでは燃えやすい気体であるメタンガスが発生します。その濃度が高い場所で電気を使用すると火災が起こる危険があるため，圧縮空気を動力とするのです。坑道のなかへは，ライターやマッチなども持ち込むことが禁じられていました。

　図22は，「史蹟夕張鉱」の内部です。本物の坑道に入り地下にある石炭層を間近で観察するという，夕張ならではの体験をすることができます。写真の中に見えている石炭層は，「石炭の大露頭」から地下へと続いているものです。大露頭と直交する面で見ているため，大露

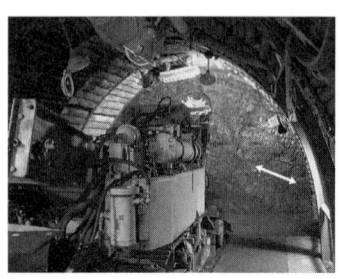

**図22** 史蹟夕張鉱の中の様子。矢印は石炭層の傾斜を示す。

**図23** 夕張で産出したアンモナイト

図24　白亜紀の夕張に生息していた長頸竜の動く模型

```
石炭の歴史村　石炭博物館
〒068-0401　北海道夕張市高松7
電話　0123-52-3456
開館　4月～10月
　　（開館日，開館時間についてはお問い合せ下さい）
```

頭では水平に見えた石炭層が実際にはゆるく傾斜していることがわかります。

　夕張市内の鹿島(大夕張)では，アンモナイト(図23)をはじめとする1億～8,000万年前の白亜紀の化石が，たくさん発見されています。石炭博物館の付属施設「ゆうばり化石館」(入館料無料)には，アンモナイト，長頸竜(クビナガリュウ)などの，市内で採集された白亜紀の化石が多数展示されています。図24は長頸竜の動刻(動く模型)で，その精巧な動きは，まるで生きているかのような迫力です。

　この展示館には，ほかに白亜紀・古第三紀の植物化石，そして市内の冷水山の幾春別層から発見されたカメの化石(ユウバリリクガメ)なども展示されています。　　　　　　　　　　　　　　　　(高橋　賢一)

## 4　夕張岳へ

見どころ　　　　固有種を含む花の百名山のひとつとして知られる夕張岳(1,668 m)は，特殊な地質環境が地形や植生に影響を与えることを象徴的に示しています。この山の周辺にはどのような謎が秘められているのでしょうか。

また，「夕張岳の高山植物群落および蛇紋岩メランジュ帯」が1996年に国の天然記念物として指定されました。そのメランジュとはどのようなものなのでしょうか。

故 八木健三氏のスケッチ(図26～29)を見ながら，いろいろと想像を巡らしましょう。

地 形 図　　　　2.5万分の1「シューパロ湖」，「滝ノ沢岳」，「白金川」，「夕張岳」
5万分の1「石狩鹿島」，「石狩金山」

交　　通　　　　JR石勝線「新夕張駅」下車ですが，距離があるため車が便利。

コ ー ス　　　　夕張市清水沢から桂沢湖を経て芦別市に抜ける国道452号沿いにシューパロ湖があります。夕張岳への入口は，この湖岸の北側にあります。ここから林道に入りますが，ダムのかさ上げ工事などでルートが流動的

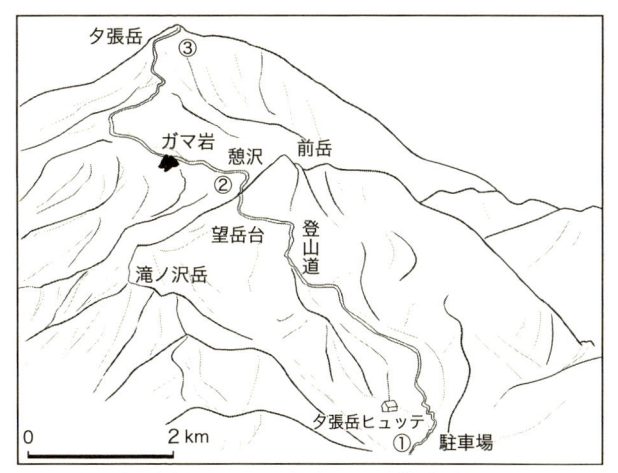

図 25　夕張岳の案内図（イラスト鳥瞰図で，距離は概略）

です。いずれにせよペンケモユウパロ川を十数 km さかのぼったところに駐車場①がありますが，狭いので注意が必要です。駐車場から 15 分ほど登ると夕張岳ヒュッテがあり，キャンプも可能です。

登山には中級以上の準備と心構えが必要です。盗掘，踏みつけ，オーバーユースなどの問題が起きているため，登山のマナーには十分の配慮をお願いします。

①駐車場 —(4.5 km)→ ②望岳台・憩沢 —(6 km)→ ③夕張岳山頂

**図26** 海底でできた枕状溶岩　　**図27** 枕状溶岩をおおう堆積岩層(蝦夷層群)

### ①ペンケモユウパロ川奥10数km地点の駐車場まで

夕張岳入口から駐車場までの道のりはアンモナイト化石で有名な蝦夷層群と呼ばれる地層です。この地層は石炭を産する古第三紀よりひとつ前の中生代白亜紀に堆積しました。砂岩や泥岩などが板状に積み重なった様子はⅦ章2節と似ています。

### ②駐車場から憩沢まで──枕状溶岩と褶曲山脈

夕張市のシューパロ湖や丁未風致公園など西側から見る夕張岳は、手前に前岳(1,501m)の尖った峰があり、その奥に夕張岳本峰が肩を張ったようにどっしりとそびえています(Ⅶ章扉の写真)。駐車場から登山道を1時間ほど登ると、道がだんだん急になってきます。これは、手前に見えた鋭い前岳の中腹にさしかかったからです。この急な地形は、枕状溶岩と呼ばれる岩石からできています。この岩石は1億数千万年前の中生代に、深い海の底で噴出した溶岩だったのです(図26)。

海底で流れだした高温の溶岩は軟らかなチューブ状になって広がっていき、それがいくつも重なりあって西洋枕を積み重ねたような岩石ができます。これが枕状溶岩です(Ⅳ章参照)。冷水の沢から憩沢までの途中で、岩肌がでているところ(露頭)はこの石です。ひょっとすると、丸い溶岩の尻尾が見られることでしょう。

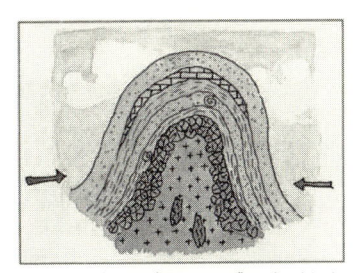

**図28** 左右から押されて盛りあがりながらできた山脈

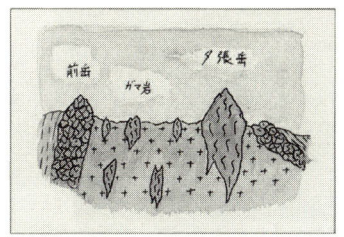

**図29** アカギレしてできた蛇紋岩メランジュ

　それでは，どうして海底の岩石が立派な山脈になったのでしょうか。それは，まずこの溶岩の上に砂や泥が固まった堆積岩層(蝦夷層群)が重なります(図27)。その後に簡単にいえば，地球規模の運動によって地殻が左右が押され，上向きに撓んで(褶曲)，一筋のシワのように上昇したのです(図28)。ですから，枕状溶岩の上にたまった，より新しい時代の堆積岩が夕張山脈の東西両側にあるのです。こうしてできたのが，夕張山脈の最高峰である芦別岳(1,726 m)で，途中の望岳台から遠望できます。

### ③憩沢から夕張岳山頂まで——メランジュとノッカー

　憩沢から夕張岳山頂直下まで広がる高原状の部分には，さまざまな形・大きさ・種類の変成岩ブロックが蛇紋岩分布域のなかに突出して点在しています(図29)。こうした産状をメランジュと呼び，卵白をかき混ぜてつくるメレンゲに語源をもつ言葉です。

　また，平坦な場所のなかに突起状の岩塊が点在する地形のことを，ノッカー地形と呼びます。ドアにつけられた呼出(ノック)用の突起物である"ノッカー"に例えた言葉です。差別侵食によって軟らかく崩壊しやすい蛇紋岩分布域がなだらかになり，結果としてガマ岩のような硬い変成岩ブロックが突出して残ったのです。屋根型の夕張岳本峰

**図30** 夕張岳山頂から眺める蛇紋岩メランジュとノッカー地形。白矢印が突出したブロックを示す。中央の突出がガマ岩。白線で示す道以外は侵入禁止。

もこうしたブロックのひとつです。

　蛇紋岩は，もともと地殻の下のマントルにあった重くて硬いかんらん岩でした。それに，壮大な地球の運動によって水が加わると，軟らかく軽い蛇紋岩に変わります。蛇紋岩は，深いマントルから地殻に上る途中の岩塊(変成岩や枕状溶岩が多い)を取り込んで一緒に持ちあげてきました。そして，おまんじゅうの薄皮に一筋の盛りあがったシワをつくるような地殻の褶曲運動と一緒になり，ついには筋状の裂け目をつくって蛇紋岩のアンコがはみだして地表に顔をだしたのです(図30)。

(中川　充)

## 白亜紀の
## 植物化石

### 白亜紀の植物

　三笠，夕張，穂別などに分布する中生代白亜紀の地層から，ノジュール(団塊)と呼ばれる硬いボール状の岩石が見つかります。これは石灰分がしみ込むことにより植物の組織が立体的に保存されたもので，アンモナイト化石などと一緒に見つかります。この植物は恐竜たちが歩いていた陸地に生えていたものです。

　まず，図31(A～F)について写真を見ながら説明します。

　(A)は木性シダ(木になるシダ，ヘゴの仲間)の茎の断面で，矢印は維管束(水分と養分の通り道)を指しています。木性シダが生えていたことから，恐竜が栄えていた当時の北海道は非常に暖かい気候であったことがわかります。

　裸子植物では，イチョウ，ソテツ，キカデオイデア，ナンヨウスギ，スギ，マツなどの仲間が発見されています。(B)はイチョウの葉です。現在のイチョウに近い形をしています。(C)はキカデオイデアの幹，(D)はキカデオイデアの実を示しています。キカデオイデアの仲間は外見がソテツに似ていますが，花・実のつくり，そして葉の表面の細胞の形が異なっていました。(C)は写真の縦の方向が幹の軸の方向で，表面に見えるうろこ状の模様は葉が落ちたあとです。(D)の断面には，米粒くらいの大きさの種が並んでいるのがわかります。キカデオイデアの仲間は，白亜紀の終りに恐竜とともに絶滅しました。(E)では，ナンヨウスギの実の縦の断面が見えていて，種の並ぶ様子がわかります。ナンヨウスギは白亜紀には世界中に広く分布していましたが，現

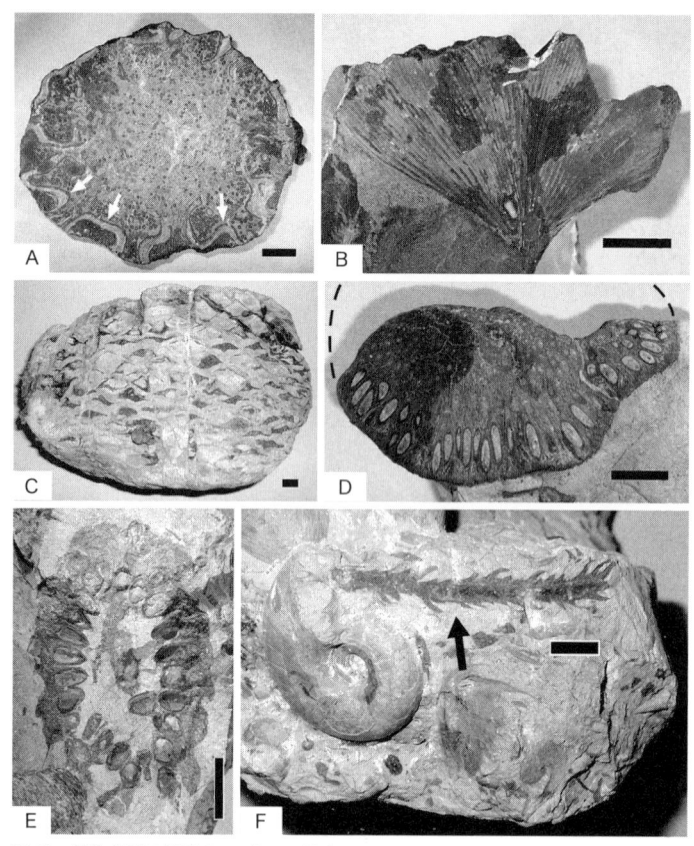

**図31** 植物化石の写真1:スケールはすべて1cm

在では南半球の限られた地域にしか分布していません。(F)は，ノジュールにアンモナイトと針葉樹の葉(矢印，スギの仲間)が一緒に入っていたものです。

次に，図32(G〜J)について説明します。

(G)に示した葉の化石には網目状の脈が見られるため，広葉樹の葉，

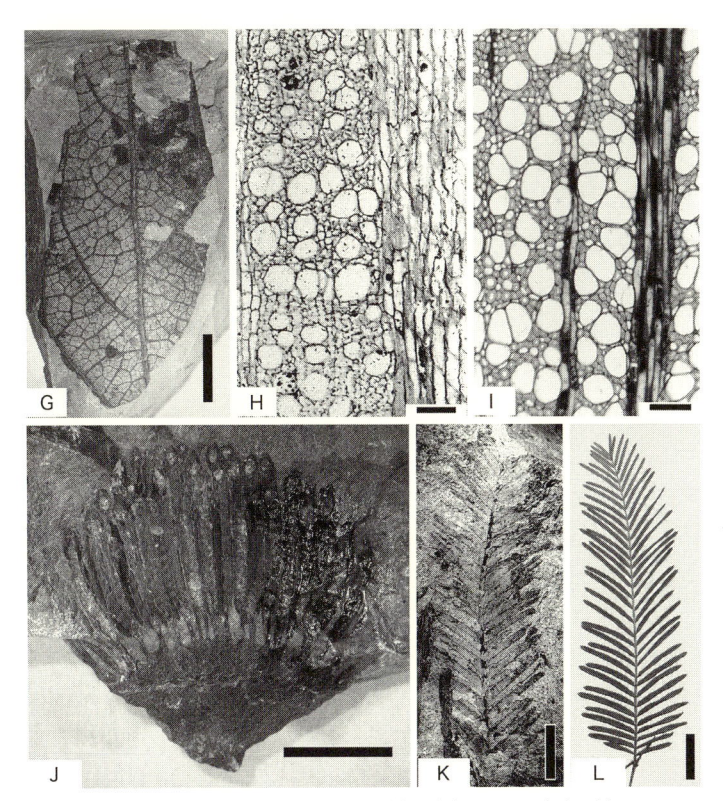

**図32** 植物化石の写真2：スケールは(G), (J)～(L)は1cm。(H), (I)は100μm

被子植物であることがわかります。被子植物では，モクレン，クスノキ，マンサク，プラタナスなどの仲間が発見されています。(H)はプラタナスに近い種類の木材化石(木の幹)に保存された組織を顕微鏡で見たもの，(I)は現在のプラタナスです。たくさん見える円い穴は水の通り道である道管で，化石と現在のものが似たような構造をしていることがわかります。道管の存在は被子植物の重要な特徴のひとつで

す。(J)はモクレンの仲間の花の化石です。たくさんのめしべが見えています。この花は非常に原始的な構造をしており，日本で見つかる被子植物の花の化石のなかではもっとも古い種類のひとつです。白亜紀には被子植物が勢力を広げ，裸子植物と立場が入れ替わっていきました。

### 古第三紀の植物

北海道の石炭の年代である新生代古第三紀の植物化石は，一般に泥岩や砂岩などの層理面上に形が残されています。図32の(K)はメタセコイアの葉の化石，(L)は現在のメタセコイアです。メタセコイアはスギの仲間で，大きな木になり，北海道の石炭の主な原料であると考えられています。石炭層からは，メタセコイアのものと考えられる木材化石が見つかることがあります。先に述べたように，メタセコイアは100万年前には絶滅したものと思われていましたが，60年ほど前(1945年)に中国の一地方に現存していることがわかったため，「生きている化石」と呼ばれることがあります。

古第三紀の地層からはヤシやバショウなどの化石も見つかっており，石炭のもとになった植物の時代が温暖な気候であったことを物語っています。

(高橋 賢一)

# VIII　日高山脈へ

糠平山から望む日高山脈の主峰幌尻岳と北カール
（日高町役場日高総合支所提供）

# 1 鵡川をさかのぼる

見どころ　　白亜紀後期の海でできた蝦夷層群と,地球内部から上昇してきた蛇紋岩が見られます。クビナガリュウやアンモナイトが泳いだ海を思い浮かべ,はるか地球の深部に思いをよせてみましょう。
　　　　　　穂別地区の化石は,むかわ町立穂別博物館で見ることができます。

地 形 図　　2.5万分の1「穂別」「稲里」「仁世宇」「胆振福山」
　　　　　　5万分の1「穂別」「紅葉山」「岩知志」
　　　　　　20万分の1「夕張岳」「浦河」

交　　通　　自動車が適しています。道道占冠穂別線は,災害などでしばしば通行止めになるので注意して下さい。地点②「イギリス海岸」は,対岸からの観察が無難です。

コ ー ス　　国道274号—(8 km)→①シュッタの沢—(20 km)→②富内イギリス海岸—(10 km)→③坊主山

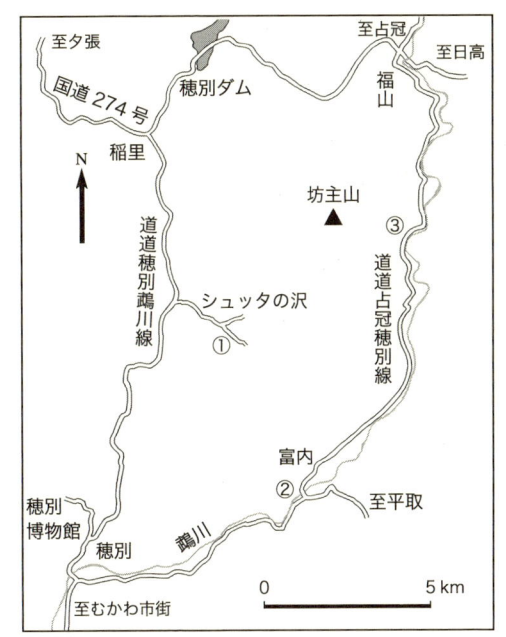

1 鵡川をさかのぼる　189

図1　鵡川の案内図

## ①シュッタの沢——クビナガリュウの海

　ここでは，白亜紀の海成層である上部蝦夷層群を見ることができます(図2)。暗灰色で層理の不明瞭な泥岩で，新鮮な状態ではかなりしっかりとしていますが，乾燥すると細かくひび割れてこなごなになってしまいます。ところにより，灰色の丸い玉(ノジュール)が含まれています。ノジュールは，化石などを核として石灰分が集まり，地層中で成長したものと考えられています。ただしこの地域では，化石が入っていることはあまり多くはありません。上部蝦夷層群が堆積した時代には，この地域は海でクビナガリュウが泳いでいました。

　川をさかのぼると，灰色の砂岩のほか，黒色や黄色の蛇紋岩，青や

**図2** 上部蝦夷層群の泥岩とノジュール(矢印)

緑色の結晶片岩の大きな転石が目につきます。坊主山から流れ込む沢との合流部にあたる唐松橋を過ぎたころから，川の石は小さくなり，砂岩ばかりになります。先ほどの蛇紋岩や結晶片岩は，坊主山から流されてきたことがわかります。

この沢では，ところにより，チタン鉄鉱石が見つかります。全体に灰色で，きらきらした粒が見える，とても重い砂岩です。ただしチタンを採取するために，この岩石が採掘されたことはないようです。

### ②富内イギリス海岸——白亜紀の砂浜

ここは，地元では「富内イギリス海岸」と呼ばれています(図3)。「イギリス海岸」という名前は，宮沢賢治の詩がもとになっています。イギリスのドーバー海峡に面した崖のようなチョーク層ではありませんが，同じ白亜紀の海岸でできた岩石が見られること，そして，穂別の富内地区は花壇「涙ぐむ眼」をつくったり，かつて「銀河鉄道の夕べ」を開いたりと，賢治への思い入れの強い地域であることから，このような名前がつけられました。

川岸に露出している岩石は，函淵層群に特徴的な，青緑色がかった細〜中粒の砂岩です。ところにより葉理(ラミナ)が見られ，斜交葉理

図3 対岸より見た「イギリス海岸」。中央の黒色帯が直立した石炭層

(クロスラミナ)も見られます(図4)。小さな円礫が含まれることもあります。この砂岩層は石炭をはさんでいます。川岸の崖から足元へとつながり、鵡川の川床を横断して対岸の崖へと続いています。石炭層の傾斜を見ると、本来は水平にできた地層が、直立するほど傾いてしまったことがわかります。プレートどうしがぶつかり合って日高山脈ができたときに、とても大きな力が加わったことが実感できます。かつて穂別にはいくつも炭坑があり、この石炭層も調査はされましたが、本格的に採掘されることはなかったようです。

見学地点の周辺には、函淵層群のほかに、すぐ下位にあたる暗灰色の泥岩を主体とする上部蝦夷層群が分布しています。また、上流には蛇紋岩が露出しています。こうしたことから、川原では、函淵層群の砂岩や上部蝦夷層群の泥岩、これらに含まれる石灰質ノジュール、蛇紋岩や緑色片岩・青色片岩、チャートなどが見られます。

石炭層の近くで見られる、青緑色をした断片的な太い筋は、網目状になった小トンネルの跡で、当時の生物がつくった巣穴の化石(生痕化石)です(図5)。また、白亜紀の二枚貝であるイノセラムスの殻のあとを、印象化石として見つけることができます。対岸にあたる、町道

図4 砂岩中に見られる斜交葉理　　　　　図5 巣穴の化石(生痕化石)

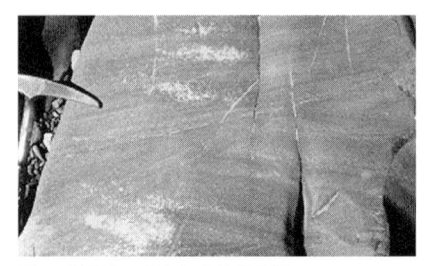

が大きく曲がっているあたりの崖面は道路の法面工事でおおわれてしまいましたが、かつてはアンモナイトなどを産出しました。また、少し下流で合流する支流では、ウミガメ化石が発見されています。

**③坊主山**——地球内部の岩石と大崩れ

　地下30〜70 kmの地殻の下はマントルと呼ばれます。マントルの上部はかんらん岩でできており、かんらん岩に水が加わると、低い温度や圧力で、蛇紋岩という岩石に変わります。蛇紋岩は軟らかく、変形しやすいため、断層などに沿って上昇し、大規模に露出していることがあります。穂別地域では、主に坊主山から福山にかけて分布し、周辺の地層とは断層関係で接しています。また、地下深部から取り込んできた結晶片岩類がブロック状に見られます。福山ではかつて緑色片岩などが採石され、「福山石」と呼ばれました。福山石は、穂別博物館に石材として使用されています。

　富内から福山へ向かって、道道占冠穂別線をさかのぼります。途中で鵡川の川原に下りてみましょう。大きな転石は、蛇紋岩や結晶片岩です。近くの沢を伝って、坊主山から流れてきたのです。露出している地層は滝の上層です。中新世中ごろの海成層で、この地点ではありませんが、穂別地域ではイルカやデスモスチルスの化石が見つかっています。足下の地層をよく見ると、緑〜黄緑色の角張った岩片がたく

**図6** 蛇紋岩の崩壊地「大崩れ」

さん含まれています。これらはみな，蛇紋岩です。

　蛇紋岩がめだつ箇所は帯のようにつながり，鵡川を横断して対岸に続いています。これは，蛇紋岩の砂や礫が堆積して，地層を形成したものであることを示します。滝の上層には，このような堆積性の蛇紋岩があちこちで見られます。このことから，坊主山をつくっている蛇紋岩が，このころには地上に顔をだしていたことがわかります。

　道道をさらにさかのぼると，道路わきの斜面に蛇紋岩が見えてきます。蛇紋岩は崩れやすいため，道路は覆道などで保護されています。とくに「大崩れ」と呼ばれている場所は，蛇紋岩の大規模な崩壊地となっています(図6)。地表に転がっている蛇紋岩をよく見ると，クロム鉄鉱が真っ黒い粒としてときどき見つかります。以前には鉱山があり，クロム鉱石が採掘されていました。また，蛇紋岩にはまれに白金が含まれ，鵡川沿いで砂白金が確認されたことがあります。この一帯では，蛇紋岩地帯に特有とされる高山植物の群落が確認されています。

(櫻井　和彦)

## 2 沙流川をさかのぼる

見どころ　　沙流川に沿って走る国道237号のわきには多くの庭石屋さんが並んでいます。今も昔も，石は人々の生活に役立ってきました。そんな石たちの出所を想像しながら，川岸の壁や河原に転がっているカラフルな石たちを見てみましょう。

地 形 図　　2.5万分の1「振内」，「三岩」
　　　　　　5分の1「岩知志」

交　　通　　このコースは，車が便利です。

コ ー ス　　①豊糠—(10 km)→②沙流川とニセウ川の合流点—(5 km)→③岩知志発電所—(12 km)→④岩内岳採石場

### ①豊糠——縄文時代のブランド品・青トラ石

沙流川の支流である額平川では，青トラ石と呼ばれる石を見つけることができます。青味がかった縞状の石ですが，ここの青トラ石は青というより緑っぽい感じが強く，濃い緑と淡い緑の互層がとても美しいです(図8)。その美しさのために，以前から観賞用の銘石として扱われてきました。近年，縄文時代から石斧の原材として使用され，広く流通していたことがわかってきました。青トラ石は，結晶片岩という名前の，アルカリ角閃石が入った高圧変成岩です。神居古潭帯の蛇

図7 沙流川の案内図

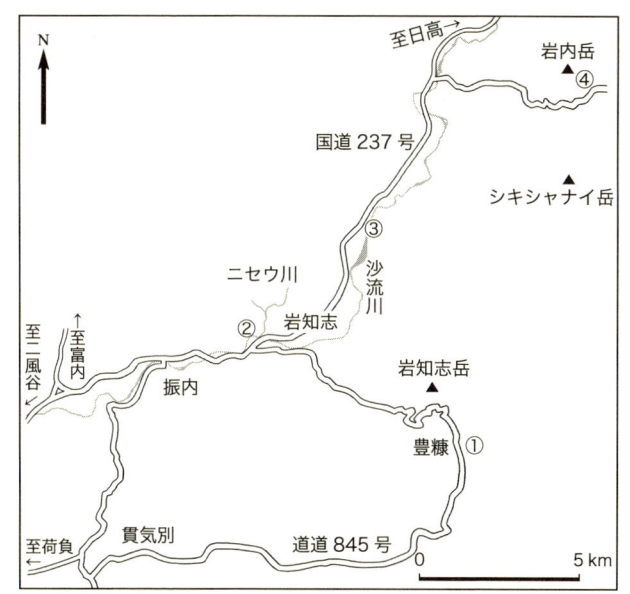

紋岩中にブロックとして含まれていると見られています。

　高圧変成岩である青トラ石は、鉱物が一定方向に並ぶので、一定の方向に力のかかる石斧の素材に適しています。また、変成度の加減が、力が加わったときのちょうどよい粘りにつながります。旭川市神居古潭峡谷で産出するタイプのように、もっと変成度の高い青色片岩だと、硬すぎて割れやすいうえ研磨もしにくいのです。さらに、微褶曲や脈が少ないことも、割れにくさにつながっています。もちろん、その美しさもポイントです。

　このような優れた特性のために、縄文時代には額平川の青トラ石はいわば"ブランド品"として広く流通していたようです。青森県三内丸山遺跡では、近隣の花崗閃緑岩や砂岩製の石斧に加えて、神居古潭

**図 8** 観賞用に磨かれた青トラ石
（日高山脈館）

峡谷産の青色片岩製石斧が産出します。しかしもっとも多く使われたのが、額平川産の結晶片岩〝青トラ石〟製石斧だったのです。青トラ石はおそらく、権力や財力のある地域や人々のみが使える高価なものだったのでしょう。青トラ石は糠平蛇紋岩体のなかのブロックとして産出しますが、露頭は見つかっていません。特定の沢でしか見つからないとの話もあり、限られた部分のみに含まれているブロックだと思われます。古第三紀に北海道中央部で起きた大規模な構造運動と関わって形成され、露出したと思われます。

なお、アイヌの人たちは青トラ石を薬として使ったという記述も残っています。あめ玉くらいの大きさの青トラ石と白い石（石英？斜長石？）を鍋に入れて水で炊き、その湯を飲むのだそうです。

豊糠付近で河原に下りると、転石を見つけることができるでしょう。

### ②沙流川とニセウ川の合流点──貝化石を含む蛇紋岩砂岩

沙流川にニセウ川が合流するあたりの川原には、灰緑色の岩石が見られます。この岩石は、蛇紋岩の砂粒が固まってできた蛇紋岩砂岩で

**図9A** 沙流川の河原。対岸に見えるのが蛇紋岩砂岩の露頭　**図9B** 右は、蛇紋岩の転石。スケールは1m

す(図9A)。蛇紋岩は風化にとても弱い岩石なので、長い時間をかけて長い距離を運ばれたとは考えられません。砂粒のもととなった蛇紋岩は、岩内岳のかんらん岩にともなって地上に顔をだしたものと考えられます(図9B)。この砂岩のなかから貝化石が見つかり、新第三紀中新世前半(2,000万〜1,500万年前)のものであるとされています。このことによって、蛇紋岩はそのころにはすでに侵食を受けていたことがわかります。近隣地域では、同時期の地層からクジラやデスモスチルスなどの海棲哺乳類や二枚貝・巻貝などの化石が見つかっています。また、むかわ町穂別の富内地域では、同じように蛇紋岩の礫を多く含む砂岩が見られます。

### ③岩知志発電所――1億年前の海底火山(枕状溶岩)

ここでは、1億年前の海底火山の噴火のあとを見ることができます。

観察できるのは玄武岩質の枕状溶岩です。海底に噴出した数百℃もの高温の溶岩は、表面張力によって丸くなり、さらに海水で急激に冷やされて表面はガラス質となって固化します。しかし、内部はまだ軟らかく、後ろから次々に流れてくるため、一度固まった表面はすぐに突きやぶられます。チューブから押しだされるように流れだしては固

**図 10** 1 億年前の海底火山枕状溶岩

化し、また突きやぶる、ということを繰り返して成長していきます。

　川辺の切り立った崖では、枕状溶岩の断面が観察できます(図10)。名前の通り、丸い枕を積み重ねたような産状が見られます。噴出直後の溶岩は軟らかいため、くぼみがあるとたれ下がります。このたれ下がっている方が、噴出当時の重力方向ということになります。当時の海底面がどれくらい傾いてしまっているのか、観察してみましょう。

　河床では、枕状溶岩の流れた様子が観察できます。溶岩に沿って歩いて、チューブから押しだされるように枝分かれをしていった様子を確認しましょう。流れのとまった先端部は、丸い袋のような形をしています。

　この枕状溶岩は、1億年以上も昔に赤道付近などの低緯度地域の海底で噴出し、海洋プレートの運動によって北上して、はるかこの地までたどり着いた、と多くの人は考えています。

④**岩内岳採石場**――地球内部の岩石の窓

　ここでは、地球内部の岩石であるかんらん岩が見られ、岩内岳かん

**図 11** 地球内部の岩石(岩内岳かんらん岩)

らん岩と呼ばれています(図11)。地球の構造は,外側から,地殻,マントル,核に分けられます。地殻は私たちの生活している大地で,海洋で厚さ10 km未満,大陸では数十kmあります。かんらん岩は,さらにその下の,上部マントルをつくる岩石です。

かんらん岩は,黒色から暗緑色のとても重い岩石です。風化した表面は黄褐色になります。ここでは,ダナイトとハルツバージャイト(IX章で解説)の2種類が見られます。ダナイトは,大部分がかんらん石からできたかんらん岩です。ハルツバージャイト(斜方輝石かんらん岩)は,かんらん石のほかに斜方輝石を含むかんらん岩です。大部分を占める灰白色の鉱物はかんらん石です。斑点状に見られる,あめ色で,へき開のある鉱物は斜方輝石です。これらは,重さを利用した港湾用石材や成分の特長を生かした耐火材などに利用されています。

(小野 昌子)

## 3 パンケヌーシ川・日勝峠へ

見どころ　日高山脈は変成帯で，高温型の変成岩類，斑れい岩や花崗岩質の火成岩，かんらん岩などが分布します。
地下 20 km に達する場所(地殻の深部)でつくられた石と，それらを地表に露出させて山脈をつくった大断層を観察しましょう。

地 形 図　2.5万分の1「沙流岳」「双珠別湖」「ペンケヌーシ岳」「千栄」
5万分の1「千栄」「御影」
20万分の1「夕張岳」

交　　通　このコースは自動車が便利です。
パンケヌーシ林道はゲートがあり，日高北部森林管理署へ事前に連絡して鍵を借りておく必要があります(電話 01459-6-3151，土日祝休)。

コ ー ス　道の駅樹海ロード日高―(車1時間25 km)→①，②パンケヌーシ林道―(国道274号に戻って日勝峠へ，1時間35 km)→③日勝峠へ―(徒歩15分0.8 km)→④日勝園地

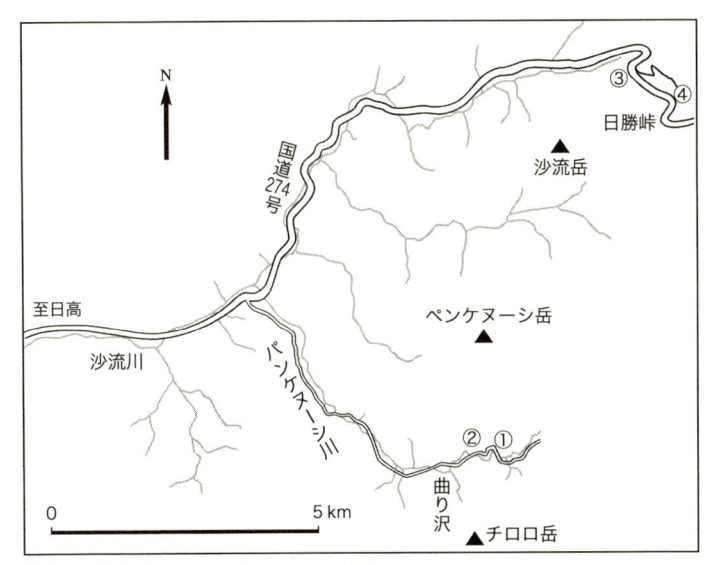

**図12** パンケヌーシ川・日勝峠への案内図

## ①パンケヌーシ林道——日高変成帯の斑れい岩

　沙流川沿いを走る国道274号を日勝峠へ向かう前に，寄り道をしましょう。千栄を過ぎ3.5 kmほど国道を進み，右手のパンケヌーシ川沿いの林道へ入ります。すぐにゲートがありますので，鍵を開けて入ります。河畔林が気持ちよい林道を進み，チロロ岳へ向かう登山口である曲り沢を過ぎると，斑れい岩の露頭があります（①，②）。①から②に向かって，断層運動にともなう圧砕が強くなっていきます。

　表面が淡い褐色で，縞状や層状に見える岩石があります。これが斑れい岩です。ハンマーで割ってみると，新鮮な面は全体に黒っぽく見えます。これは有色鉱物が多いためではありません。この岩には全体の60〜70%も斜長石が含まれているのですが，ここの斜長石は細かい包有物をたくさん含んでいるため，無色のはずの鉱物が黒っぽく見

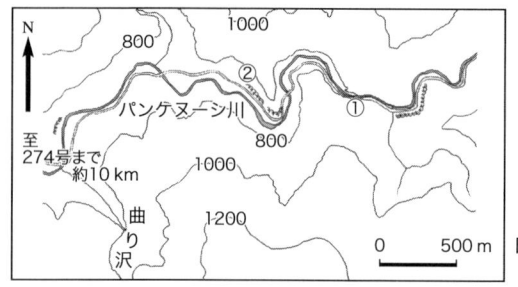

図13 パンケヌーシ林道案内図

え，石全体も黒っぽく見えるのです。

斑れい岩は，地下深部で玄武岩質のマグマが冷え固まってできます。白亜紀後期からつくられていた付加体（IX章5節参照）のなかに，古第三紀になって玄武岩質のマグマが貫入しました。このマグマは，化学組成から見て海嶺の活動でもたらされたものだと考えられます。貫入したマグマ溜りのなかでは，早く結晶化した鉱物が下のほうに降り積もり，層状の構造ができます。このような岩石を集積岩と呼びます。

日高変成帯では，ここで見られるような斑れい岩をつくったマグマが貫入したことで変成作用が引き起こされたのだと考えられています。図14は縞状の斑れい岩で，斜長石の濃集部が見えます。

## ②パンケヌーシ林道——断層の働き

①の露頭から下流側へ林道を歩いていくと，断層運動にともなって斑れい岩が圧砕されていく様子が見られます。

日高変成帯は，地殻の断面が厚さ二十数 km 分も露出していると見られています。これは，日高主衝上断層をはじめとする巨大断層がずれ続けた結果です。大規模な深部マグマの存在などのために，地殻のなかで滑りやすい部分が生まれたのでしょう。岩石中の鉱物を伸張・圧砕・再結晶させて圧砕岩（マイロナイト）をつくりながら岩体は地下から少しずつ上昇を続け，のちの日高山脈の誕生へとつながります。

図14 斑れい岩の崖（白い部分は斜長石の濃集部）

### ③日勝峠へ

　先の国道に戻ってから日勝峠へ向かいましょう。パンケヌーシ林道入口あたりから，イドンナップ帯の分布域に入ります。海底で噴出した玄武岩質溶岩類が多い部分と，砂岩泥岩のなかに玄武岩やチャートなどのブロックを含む部分があります。これらの溶岩やブロックが，国道から見える切り立った崖をつくっています。なお，この先にある嶺雲大橋には，これらの崖と同じピローブレッチャーが置かれています。数cm大の玄武岩の角礫が観察できます。手前に駐車スペースがありますが，くれぐれも峠越えの車に注意してください。

　浪の沢トンネルを過ぎて嶺雲大橋を越えるあたりまでが，ポロシリオフィオライトの分布域です。緑色片岩や角閃岩などの変成岩からなり，もとは海底プレートの表層部を形成していた岩石群です。

　その先，日勝峠を越えて日高変成帯の分布域に入ります。峠付近は日高山脈襟裳国定公園に属し，エゾマツ・トドマツなどの群落林が沙流川源流原始林として国の天然記念物に指定されています。

### ④日勝園地

　国道274号の日勝峠頂上から，日勝園地へ向かう脇道があります。

図15 日勝園地の展望台

車も入れますが，入口の駐車場に車を置いて見学がてら歩いてみましょう。道路わきに，日高変成帯の花崗岩(かこうがん)がでています。黒っぽい角閃石(かくせんせき)や黒雲母，無色〜白色の石英や長石を確認して見てください。地下の深部で形成された深成岩が，標高1,000 m近い位置に存在することを通して，大地のダイナミックな運動と，そのために費やされた長大な時間の流れを想像することができるでしょう。

それらの石や，山頂部の強風に耐えて立つダケカンバ，尾根方面のハイマツなどを観察しながらのんびり歩いていくと，展望やぐらのある日勝園地に到着です。十勝平野の雄大な眺めが楽しめます。

### 日高山脈の断面

日高山脈はアジア大陸(ユーラシアプレート)とオホーツクプレート(北米プレート)のちょうど境界部にあたります。規模の点でいえばヒマラヤ山脈にはかなわないものの，日高山脈もプレート境界が衝突し上昇してできたと考えられています。東西に切られた日高山脈の地質断面図では，東側の岩石が西側に乗りあげた形になっています(図16)。

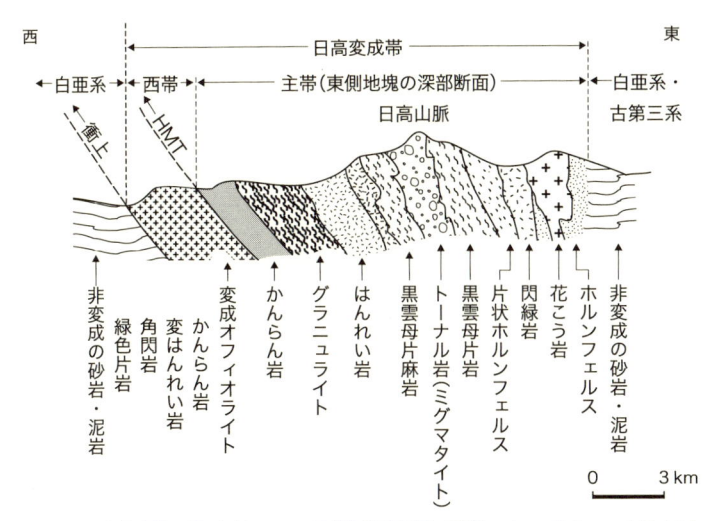

図16 日高変成帯の断面図(HMT：日高主衝上断層，西帯：ポロシリオフィオライト)

 東側の主帯は日高変成帯(日高火成弧)と呼ばれ，片麻岩などの変成岩や花崗岩など大陸や島弧の下部地殻でできた岩石(日高変成岩類)からなります。乗りあげられた西帯はポロシリオフィオライト帯と呼ばれ，中生代の海洋地殻が変成しめくれあがった状態になっています。衝上断層のさらに西側には，非変成のイドンナップ帯(付加体)・空知‐エゾ帯(海洋地殻と前弧海盆堆積物)が分布しています。

 これらのことは，地表に現れた岩石類の分布や性質・構造などを調べることによって，明らかにされてきました。近年では人工地震の反射波を用いた地下の調査が進み，日高山脈に見られる下部地殻の下半分が，地下で引き裂かれて西に沈み込んでいる様子が推定されています。こうした地下構造の研究は，北海道の生い立ちを調べるうえで大切なだけでなく，大陸の成長過程を考える場面でも注目されています。

(小野　昌子)

## 地質百選：幌尻岳と七つ沼カール

　幌尻(ぼろしり)とは，アイヌ語でポロ＝大きい，シリ＝山，のことです。神（カムイ）の山であり，麓のアイヌの人たちの間では「登ってはいけない」と伝えられてきました。日本百名山のひとつにあげられ，日本の地質百選にも指定されました。訪れる際には，山岳ガイドを参照して本格的な登山準備をしてください。

　額平川(ぬかびらがわ)沿いの林道を車止めのゲートで降り，歩き始めます。出発地点は蝦夷(えぞ)層群の範囲ですが，すぐに付加体(ふかたい)堆積物であるイドンナップ帯の分布域に入り，渡渉を経て幌尻山荘あたりまでそのなかを歩きます。白亜紀〜古第三紀にかけて，ユーラシア大陸の縁では，沈み込み運動にともなって付加体が形成されていました。これがイドンナップ帯で，西部は前期白亜紀のメランジュ相を，また東部は後期白亜紀のタービダイト相を主体とします。

　幌尻山荘から山頂へは，その名も〝ポロシリ〟オフィオライトの分布地域です。大陸縁辺に沈み込む海洋プレートの一部が付加体に取り込まれたり，断片が陸地側に乗りあげたりすることがあります。完全な〝かけら〟であれば，かんらん岩－斑(はん)れい岩(がん)－玄武岩(枕状溶岩)－チャートという，海底の深部から海底に積もってできた岩石まで一連の積み重なりを観察することができます。こうした海洋プレートの断面を現す岩体を，オフィオライトと呼びます。幌尻岳は白亜紀の海洋プレートからできている山です。日高(ひだか)山脈西部地域に分布するオフィオライト帯はこれまで日高変成帯西帯と呼ばれてきましたが，山名にちなみ近年ポロシリオフィオライトと呼ばれるようになっています。

3　パンケヌーシ川・日勝峠へ　207

**図17**　幌尻岳と七つ沼カール(写真左下)

　日高山脈の山頂では，スプーンで山を削ったようにくぼんだ地形が見られます。カールと呼ばれる，氷河がつくった地形です。かつて寒い時代に，山に雪が降り，夏も融けずに氷ができました。この氷は年を重ねるごとに厚みを増し，ついには自分の重さで川のようにゆっくり流れ始めました。氷河の誕生です。氷河は流れ下る間に斜面を削り，U字型の谷をつくります。また，削り取った岩を氷河の前の縁によせて，モレーンと呼ばれる細長い小丘ができます。

　幌尻岳周辺には，西側斜面の北カール(Ⅷ章扉写真)や東側斜面の東カール，戸蔦別岳方向の七つ沼カール(図17)などがあります。日高山脈では，カールとモレーンのセットが2段あり，氷河が少なくとも2回発達したことがわかっています。古い時代の氷河のほうが大きく発達し，より下流に痕跡があります。含まれる火山灰から，これらは最終氷期の後半(約2万年前)と中ごろ(約4万年前)のこととされ，それぞれ研究された地域にちなんでトッタベツ亜氷期，ポロシリ亜氷期と呼ばれています。

(小野　昌子)

白亜紀の化石
むかわ町立
穂別博物館

## 白亜紀の海

　北海道の中軸部には，中生代白亜紀後期の海成層(蝦夷層群)が露出しています。北は稚内から南は浦河まで見られ，日本国内における中生代の海棲生物化石の一大産地となっています(図18)。これらの地域では中生代を代表するアンモナイトや海棲爬虫類化石が豊富に発見されていて，穂別，三笠，沼田，中川などの化石専門館をはじめとして各地の博物館で見ることができます。ところがその一方で，北海道では恐竜化石は夕張，小平，中川のまだ3例しか発見されていません。

　最近では恐竜は「トリケラトプスと鳥類のもっとも近い祖先から生まれた子孫すべて」と定義されています。つまり鳥盤類(トリケラトプス)と竜盤類(鳥類やティラノサウルス)の2グループに含まれる動物のみが恐竜なのです。北海道で数多く発見されているクビナガリュウなどの海棲爬虫類や，空を舞っていた翼竜はこれらのグループには含まれないため，恐竜ではありません。

　北海道で発見されている主な大型動物化石は以下のような種類です。
(1)海の爬虫類：クビナガリュウ，モササウルス，ウミガメ
(2)陸や空の爬虫類：恐竜，翼竜，リクガメ
(3)その他の脊椎動物：海鳥，魚類(硬骨魚，サメ類)
(4)海棲の無脊椎動物：アンモナイト，イノセラムス，ウニ，ウミユリ，サンゴ，甲殻類(エビやカニ)など。

## 海の竜

穂別の海棲爬虫類の代表は，クビナガリュウとモササウルスです。

クビナガリュウは，鰭竜目長頸竜亜目(きりゅうもくちょうけいりゅうあもく)に含まれ，現在まで生き残っている子孫はありません。流線形の体に長い首と短い尾，大きなヒレが特徴です(図19A)。ヒレの形となった前後の足を羽ばたくように動かし，ゆったりと泳ぎ，小魚やイカ・タコなどをつかまえて丸飲していたようです。飲み込んだえさをすりつぶすための胃石が大量に見つかる場合があり，道内では穂別，三笠，夕張，沼田，小平，中川などから発見されています。

モササウルスは，有鱗目(ゆうりんもく)に含まれ，現在のオオトカゲかヘビに近いと考えられています。見た目はワニのような，細長い体です。太くて長い尾で泳ぎ，足はかじ取りに使っていました(図19B)。長距離を泳ぐことは得意ではなく，待ち伏せなどをして襲いかかったようです。モササウルス類は白亜紀の後期に出現し，世界中の海へと広がりました。当時の海では食物連鎖の頂点に位置し，魚や海鳥，ウミガメなどさまざまな動物を捕らえていました。北海道では，穂別，三笠，沼田などから発見され，各地の博物館に展示されています。

## ウミガメとリクガメ

現在も生きているカメの仲間が，白亜紀の北海道にも生息していま

**図18** 白亜紀の海のジオラマ(穂別博物館)

した。当時のウミガメ類は現在とは異なって地域限定の分布をしていたらしく、その種類も現在よりも多かったようです。その中で日本固有のカメがオサガメ類のメソダーモケリスで、化石は穂別でもっとも多く発見されています(図20A)。現在のオサガメは骨格が非常に貧弱ですが、メソダーモケリスには頑丈な骨の甲羅がありました。

また、穂別では、当時としてはめずらしい陸の生物であるリクガメ化石も発見されています。発見されたのは背甲(背の甲羅)の大部分で、頭のおさまるあたりが丸くくぼみ、その両側がつののように前に伸びています(図20B)。大きくなりすぎた頭を守るためとも、他の雄や雌などに対してアピールするためとも考えられています。

これらの化石や復元骨格は穂別博物館で見ることができます。

**陸の竜・空の竜**

夕張から、ノドサウルスの頭部が見つかっています。アンキロサウルス類(鎧竜)に含まれる、草食の恐竜です。陸から海へと流されて、化石になったようです。また、三笠や夕張などから、翼竜の化石が見つかっています。当時の海の上を舞い、魚などを捕らえていたのでしょうか。翼竜は空を飛んでいた爬虫類ですが、鳥類の祖先ではありません。

白亜紀には、すでにいろいろな種類の鳥類が繁栄していました。そ

**図19A** クビナガリュウ復元骨格(左)、**B** モササウルス復元模型(右)(穂別博物館)

のなかで，海で生活していたヘスペロルニス類が，三笠で発見されました。彼らは足で泳ぎ，不要になった翼はほとんど失ってしまいました。翼で泳ぐために空を飛べなくなったペンギンとは，異なった方法で水中生活に適応した鳥類です。顎には歯があるなど，現在の鳥類と異なっています。三笠では，首や足の骨などが発見されました。

### アンモナイトやイノセラムス

アンモナイトやイノセラムスは，白亜紀の海を代表する動物で，穂別地域からも豊富に発見されています。三笠や夕張，穂別の博物館などで見ることができます。

アンモナイトは殻がありますが，イカやタコに近い仲間(軟体動物門頭足綱アンモナイト目)です。オウムガイと形がよく似ていますが，かなり以前に分かれたようです。北海道からは約500種類が知られています。古くは「異常巻き」と呼ばれたさまざまな形のものは，それぞれの生活の仕方に見合った形であると，今では考えられています。

イノセラムスは二枚貝の仲間(軟体動物門斧足綱ウグイスガイ目)です。いろいろな生活に適したたくさんの種類があり，当時の海で大繁栄していたようです。そのほか，いろいろな巻貝や二枚貝，ウニやウミユリ(棘皮動物門)，単体サンゴ(刺胞動物門)，エビやカニ(節足動物門甲殻綱)などが発見されています。

図20A　メソダーモケリス復元模型(左)，B　リクガメ化石(右)(穂別博物館)

212　Ⅷ　日高山脈へ

**図 21**　むかわ町立穂別博物館（むかわ町立穂別博物館提供）。開館当時（1984年）に撮影

〒059-1600　北海道勇払郡むかわ町穂別80番地6
電話　0145-45-3141　開館時期　通年開館
休館日　毎週月曜日・祝日の翌日・年末年始。7〜8月は無休。

**むかわ町立穂別博物館**（旧「穂別町立博物館」）は，荒木新太郎さん（町内在住）が見つけた化石をもとに，町内でクビナガリュウ化石の発掘（1977年7月）が行われたことがきっかけとなり，1982（昭和57）年に開館しました。当初は町の歴史や昔の生活も紹介していましたが，開館10年目にあたる1992（平成4）年に化石の博物館となりました。

　展示資料は「町内産」と「生きていたすがた」にこだわっています。町内に分布する中生代白亜紀の海成層から発見されたクビナガリュウなどの海棲爬虫類の実物化石とその復元模型，アンモナイト，そして新生代のクジラやデスモスチルスなどの化石が展示されています。

　隣接する「むかわ町穂別地球体験館」では，さまざまな地球環境や地球の歴史について，暑さ・寒さの体験を通じて学ぶことができます。また，町内には，白亜紀の化石海水がみなもとと考えられている「樹海温泉はくあ」もあります。ぜひ，合わせてご利用下さい。

（櫻井　和彦）

## 日高山脈館

　日高山脈館は，1999年に開館した日高町営の博物館です。日高山脈とその周辺の自然を，地質素材を中心に紹介しています。

### 1階　日高山脈インフォメーション

　登山やハイキングのコース紹介，近代登山の歴史など。山脈北部のジオラマは，とくに登ったことのある方に大人気です。一原有徳氏の版画「カムイエクウチカウシ山」もご覧いただけます。

### 2階　日高山脈の成り立ち

　メインコーナー，岩石・化石・地史の紹介をしています。石の美しい一面をお楽しみください。マントルの石かんらん岩，マグマ溜りで冷却形成された斑れい岩や花崗岩，海底火山が生んだ枕状溶岩や水冷破砕岩，遠い海底からきた石灰岩やチャート，白亜紀のユーラシア大陸のレキがごろごろした礫岩，大きなアンモナイトやイノセラムスなど，幅広い岩石と化石を展示し，その形成背景をパネルで紹介しています。奥の展示室は，特別展を開催するスペースであるとともに，ふだんは地形図や地質図を含めた図書室としてお使いいただけます。

### 3階　日高山脈の自然

　日高山脈の高山植物を，梅沢俊氏撮影の写真で紹介しています。最終氷期にナキウサギなどの動物が大陸から渡ってきたこと，氷河がつくったカール地形，このあたりで見られる代表的な樹種や植生の特徴，かつて採掘されていたクロムをはじめとする鉱石類，現在も採石されているかんらん岩や，庭石などで親しまれている銘石などを，実物，模型，パネルなどでわかりやすく紹介します。館内をぐるっとまわれ

**図22** 日高山脈館

```
〒079-2301　北海道沙流郡日高町本町東1丁目297-12
電話　01457-6-9033
開館時間　10:00～17:00(4月～10月)，10:00～15:00(11月～3月)
休館日　毎週月曜(祝日・振替休日の場合は開館し翌火曜が休館)，
　　　　12/29～1/5
```

ば答えがわかるQ&Aシステムも人気です。

### 4階　日高山脈展望台

　日高側からは，前山が邪魔するので日高山脈の主稜を見るには少々高さが足りないのですが，周辺の山々と日高地区の町並みをお楽しみください。平取町振内地区から撮影した，日高山脈最高峰の幌尻岳と北戸蔦別岳を望むパノラマ写真も展示しています。

　近年，サファイアの大きな転石が発見されました。日高山脈にはまだまだおもしろい素材が隠れているようです。生物的にも非常におもしろい地域です。いろいろな意味で日高地域の拠点のひとつとなれるよう，これからも活動を広げていく予定です。

　自然と親しむ講座も定期的に開催していますので，ホームページなどでお確かめの上お気軽におでかけ下さい。　　　　　　　(小野　昌子)

# IX えりも岬へ

上空から望む4月の襟裳岬と春霞の日高山脈(中川　充撮影)

# 1 美々からウトナイ湖へ
## ——支笏火山の置きみやげ——

見どころ 　今から4万年前に噴火した支笏火山の噴出物は，この付近にも厚く堆積しました。それは今日，天然の貯水・浄化システムとなり，美々川では枯れることのない透き通った水が湧きでています。また，現在の海岸線から17 kmも内陸部に，なぜ美々貝塚を見つけることができるのでしょうか。これらには，氷期から，温暖期をはさみ今日につながる気候変動の歴史をとらえる鍵が含まれています。

　渡り鳥の中継地であるウトナイ湖を，自然の歴史の視点からとらえてみると，生物の多様性を支える貴重な存在であることに気づかせてくれるでしょう。

地 形 図 　2.5万分の1「千歳」「ウトナイ湖」
　　　　　5万分の1「千歳」

交　　通 　このコースはJRが平行して走っていますが，露頭に近づいての観察には車が便利です。

コ ー ス 　千歳IC—(10.3 km)→①美々川源流—(6.5 km)→②美々貝塚—(1.0 km)→③御前水—(1.2 km)→④美沢—(8.7 km)→⑤ウトナイ湖

1 美々からウトナイ湖へ　217

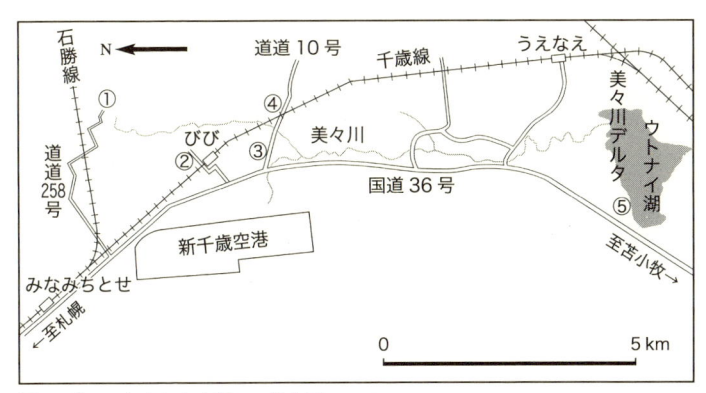

図1　美々からウトナイ湖への案内図

## ①美々川源流

　千歳市駒里の台地を刻む美々川には，こんこんと湧きでる泉があり，美々川源流のひとつになっています(図2)。この付近の美々川は雨の降らないときも水流は枯れずに，とうとうと流れています。

　道央自動車道千歳ICから国道36号へでて苫小牧方面へ約7km進みます。そこから道道258号に左折して2.0kmほどの地点で，細い道路を右折し途中石勝線を越えますが，0.9kmほど入ったところに車を置いて，地図を判読しながら南東へ300mほど進むと美々川の源流にたどり着きます。

　谷底まで下りて，水流の源を探してみましょうか。上流から見て左側に湧水があり，軽石層の崖の下には奥へ延びる穴からも水が湧いています(図2)。冷たい水はこの軽石層から湧きでる地下水だということがわかります。そのため，雨が降らなくても，美々川が枯れることはありません。

　この軽石層は支笏第1降下軽石と呼ばれ，4万年ほど前の火山噴火でこの場所に積もったものです。そのあとすぐに20m近い厚さの火

**図2** 美々川源流域。天然のろ過装置である軽石層を経て枯れることのない水が湧き出ている。

山灰層などがさらに堆積し、いまの駒里地区の台地の原型ができあがりました。軽石層は火山灰層よりも空隙が多いので地下水が蓄えられやすく、地表に降った雨水などを大量に貯留し、侵食谷の谷頭域から地下水として流出しているのです。

### ②美々貝塚

国道36号に戻りましょう。美々貝塚は、千歳市内から苫小牧方面に進む国道36号のJR美々駅のすぐ近くにあります。左手に美々貝塚への案内板があり、そこを左折しJRの踏切を越えると駐車場があります。展示施設のカギは駐車場右手の環境センター計量所で借りて下さい(日曜・祝日は休み)。開設は5〜11月の午前9時〜午後4時。日曜に見学希望の方は、事前に千歳市埋蔵文化財センター(電話：0123-24-4210)に連絡し「カギ郵送」などのお願いをして下さい。

美々貝塚(図3)は美々川に面した標高20mの台地にある縄文前期の貝塚で、現在の海岸線よりも17kmも内陸に位置しています。約6,000年前には気候の温暖化によって海水面が上昇(縄文海進)しましたが、美々貝塚はそれを証明できる遺跡のひとつです。北側の台地か

図3 美々貝塚とその上下の軽石層(軽石層名の降下軽石は省略)

らも同じころの貝塚や盛土遺構が発見され，このあたりが縄文前期の時代の大きな集落であったことがわかりました。

貝塚のできたころの海面は，現在よりも数mほど高かったので，美々川のまわりでは標高5mほどのところまで海水が入り込んでいたと考えられます。貝塚の前面100mほどの東側には，幅300mほどの細長い入江があり，ここでシジミなどを採集していたのでしょう。このころの海は，現在のウトナイ湖付近で広がっていたようです。

1万8,000年前ころは，氷期のうちでももっとも寒い時期でした。このころの石器が千歳市祝梅で見つかっており，旧石器時代人がこの付近に住んでいたことが知られています。その後，気候は温暖化に向かい，氷河や氷床の解けた水が内陸にも流れこみました。海水面が最高位になった6,000年前ころの暖かな気候の時代，山々を豊かな狩りの場とし，海辺の入江をよい漁場としていたことでしょう。

美々貝塚の場所はずっと以前から陸地であったことは，約9,000年前に噴火した樽前火山の軽石層(樽前d降下軽石)や，その後に形成された腐植層の上に，貝塚がつくられていることからわかります(図3)。

図4　御前水の湧水

その後，海面は少し低下し，美々川の周囲は泥炭の堆積する河川環境へと変化していきます。貝塚付近ではシジミなどの採集環境でなくなり，人々がこの場を去ったことにより，貝は積み重ならなくなりました。ここには2,500年前ころの樽前c降下軽石，1667年の樽前b降下軽石，1739年の樽前a降下軽石などが順々に降り積もりました。また，降灰のないときにはクロボクと呼ばれる土壌が堆積しています。

このような変化を，図3の貝塚断面で読み取ってみましょう。

### ③御前水の湧水

国道へ戻り苫小牧市方面へ0.8km，ガソリンスタンドの交差点を左折して道道10号を200mほど行くと「開拓使美々鹿肉缶詰製造所跡」と「御前水」の石碑が左側の崖下にひっそりと建っています。

御前水はきれいな湧水で斜面脚部の軽石層から流れ出ており(図4)，その様子は美々川源流と同じです。開拓使が設置した鹿肉加工工場を巡幸した明治天皇がこの湧水を「御膳に供された」ことから，御前水と呼ぶようになったと説明されています。この場所は苫小牧市で「史跡」として大事にしているところですから，なかに入って火山灰や軽

1 美々からウトナイ湖へ　221

図中ラベル：恵庭a降下軽石／支笏火砕流堆積物／支笏第1降下軽石

図5　美沢地区の火山灰露頭

石層を削ってみるようなことはやめましょう。
#### ④美沢の露頭と火山灰

　御前水からさらに道道10号を1.0kmほど行くと，左手に農家が見えます。この私道を入ると右手の畑の脇に火山灰露頭が見えます。農家に挨拶をして車を置かせてもらい，観察に行きましょう。

　ここでは，下部に支笏第1降下軽石(Spfa-1)，中部に支笏火砕流堆積物(Spfl)，上部に恵庭a降下軽石や樽前火山噴出物が積み重なっています。支笏火山の噴出物である4万年前ころのSpfa-1とSpflが観察できます(図5)。なお，より上位の黄褐色をしている恵庭a降下軽石は1万7,000年前ころの恵庭火山噴火によるものです。

　下位のSpfa-1は軽石が角ばっており，白色や桃灰色で水平の縞模様がはっきりしています。よく見ると，縞目の明瞭なところは薄い層で，軽石の径がやや大きく，上部に多いようです。下部は軽石径のあまり変化しない厚さ1mほどの厚い軽石層に見えます。軽石の降下・堆積が繰り返し起こったことを示しています。図6のほぼ中央に見える「黒い縦模様」は，炭化した樹幹です。

← 支笏火砕流
　堆積物(Spfl)

← 支笏第1降下
　軽石(Spfa-1)

**図6** 支笏第1降下軽石と上部に支笏火砕流堆積物が見られ
当時の樹林が化石林となっている。

　次に，Spfa-1とSpflの境界に注目してみましょう。この間には黒色や褐色の土壌(クロボクやローム)が含まれておらず，軽石噴火(Spfa-1)と火砕流(Spfl)噴出の間にほとんど時間間隙はないと考えられ，数時間あるいは数日ほどだったと考えられています。

　縞模様のSpfa-1の上には，灰白色で層状構造の認められない軽石のまじった火山灰が7〜8mほどの厚さで分布しています。このなかには数cmの径の大きな軽石と軽石の破砕した火山灰，角閃石や輝石などの鉱物が認められます。軽石はよく発泡し，絹糸のような光沢を示すことから，大爆発であったことを物語っています。

　Spflの基底では，横倒しになっている炭化した樹幹が見られます。軽石まじりの火山灰が「火砕流」として勢いをもって流れ下り，そのとき生えていた樹木を倒し，炭化させたことを示しています。

　また，Spflの下部や下位のSpfa-1の最上部が，桃色になっていることに気づきましたか。これは火砕流が高温で火山ガスを含んだ状態で流れるため，もともとは灰白色だった火山灰が変色したものと考えられます。Spfa-1に見られる直立する炭化樹幹も同じ原因で，高温

1 美々からウトナイ湖へ　223

**図7**　ウトナイ湖野生鳥獣保護センター

により樹木が蒸し焼きになったものでしょう。樹木の種類を調べると，4万年ほど前，この付近にはエゾマツやトドマツの樹林があったことが浮かびあがります。こうした炭化した樹木は林をつくっており，「化石林」と呼ばれています。

#### ⑤ウトナイ湖

　国道36号へ戻り7.5 mほど苫小牧市へ向かうと，環境省「ウトナイ湖野生鳥獣保護センター」(電話：0144-58-2231)が左側にあります(図7)。ウトナイ湖はこの東に広がる面積2.21 km$^2$の海跡湖(淡水)で，水深は平均0.6 m，最大1.5 mという浅い湖です。湖はマコモやヨシの群落に囲まれ，その外側にはハンノキ林が広がっています。マガンやハクチョウなどの渡り鳥の中継地となっているなど，貴重な水鳥の生息地として1991年にラムサール条約登録湿地となっています。

　ウトナイ湖には美々川，オタルマップ川，トキサタマップ川などが流入しており，美々川は湖に小規模なデルタ(三角州)を形成しています(図8)。デルタの頂面には樽前b降下軽石や軽石礫からなる河成礫層〜砂層，泥炭などが深度4 mまで分布し，その下位にシジミ貝な

224　IX　えりも岬へ

**図8**　美々川河口のデルタ地形

どの貝化石を含むシルト層が認められます。このシルト層は、縄文時代に美々貝塚前の入江に連なる海底に堆積したものと考えられます。このようにウトナイ湖は、気候の寒冷化にともなって海水域が後退し、遠浅であった海が、海流によって運ばれてできた砂州により外洋と切り離されてできた潟湖であるといえます。

　デルタ域における海成シルト層が堆積した年代は、上位の河成礫層に含まれる軽石礫が樽前c降下軽石で、その噴火は約2,500年前であることから、いまから数千年前と見積もられます。大まかには、美々貝塚が6,000年前であるという考え方を支持する地質資料となっています。

　美々川デルタは、このコースでは観察できません。センターから湖岸の自然観察路を歩くと、「赤い川と赤い砂」の案内板のあるオタルマップ川の橋に着きます。ここでは川で運ばれた赤い砂が、湖岸の水ぎわに縞模様をつくって6〜7層を形成しています(図9)。これらは、洪水時に流路からあふれて堆積したもので、自然堤防堆積物と見られ

**図9** オタルマップ川からの流入土砂がつくるミニデルタ

ます。波を受けやすい場所なので、いつまでもこんな風に見ることはできないと思いますが、ミニデルタの成長を観察できるよい地点です。

近年その美々川源流の湧水量が激減しており、ウトナイ湖への悪影響が懸念されることから、対策の事業が進められています。そのような影響のほかに、河川で土砂が運搬され、湖への入口で堆積するプロセスも進んでいます。河川と湖を総合的に観察し、悪影響を軽減させる工夫がこれからも大事です。

ウトナイ湖は、1981年に日本で最初に設置された鳥獣保護区域(サンクチュアリ)です。また、1991年にはラムサール条約の登録湿地となって、湿地の生態系の保全に努めています。ここには季節の変化に応じてたくさんの鳥類が飛来し、渡りの中継地になっています。センターでは、ウトナイ湖のゆたかな自然の移り変わりをわかりやすく解説してあります。帰りに、お寄りになって下さい。

(宮坂 省吾)

## 2 苫小牧から鵡川にかけて
――津波堆積物が語るもの――

見どころ　　17世紀に胆振海岸東部を襲った津波の痕跡を探ります。地層の中に残されたテフラ(火山灰)や津波によって運ばれた堆積物の観察を通して，かつて発生した巨大津波の規模の大きさを想像してみましょう。

17世紀の北海道太平洋岸は，巨大津波の来襲を何度か受けました。慶長三陸津波(1611年)と駒ヶ岳山体崩壊による津波(1640年)は内浦湾や日高海岸を襲い，多数の死者をだしたことが，古文書や地層に記録されています。そればかりではなく，北海道東部沿岸は巨大津波に400～500年ごとに襲われており，最後の津波は17世紀初めでした。

これらの津波のうち，どれがこの地域に津波堆積物をもたらしたのでしょうか。2011年3月の「東北地方太平洋沖地震」の巨大津波を念頭に露頭を観察しましょう。

地形図　　2.5万分の1「上厚真」，「鵡川」
　　　　　5万分の1「鵡川」

交　通　　このコースは自動車が便利です。

コース　　JR日高本線「勇払」駅―(5 km)→①苫小牧港東港の海岸―(17.7 km)→②むかわ町汐見の露頭

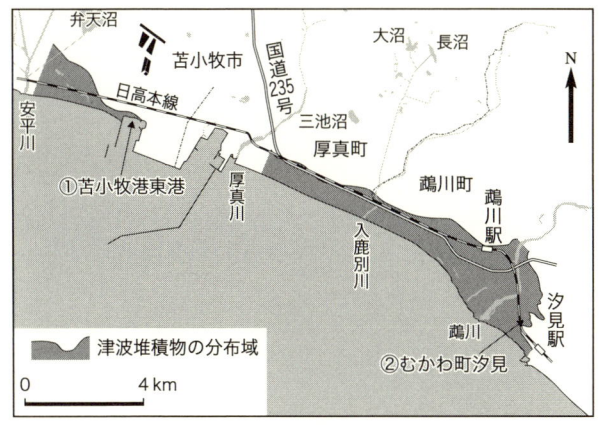

**図10** 苫小牧から鵡川にかけての案内図と津波堆積物の分布

## ①苫小牧港東港の海岸へ

　JR勇払駅を過ぎて，日高本線の南側の道を右手に太平洋を見ながら東へ進みます。しばらく行くと苫小牧東港が見えてきますので，港の防波堤内の海岸へ下りてみましょう。この海岸では海岸侵食によってできた露頭(図11)を見学することができます。この露頭では，下部の泥炭層，中部の軽石火山灰層，そして上部の砂層を観察することができます。この泥炭層のなかには3層の軽石・火山灰層と1層のシルト質の極細粒の砂層がはさまれています。

　これらの火山灰層は，下位より，樽前c2降下軽石(Ta-c2：約2,800～2,500年前)，白頭山‐苫小牧火山灰(B-Tm：10世紀，Bは白頭山・Tmは苫小牧の略)，有珠b降下軽石(Us-b：1663年，17世紀)および樽前b降下軽石(Ta-b：1667年，17世紀)であることがわかりました。そして，Us-b直下の泥炭層中に挟在し，苫小牧東港からむかわ町汐見までの海岸で追跡される砂層があり，これは津波によって内陸に運ばれた堆積物であると考えられています。

図 11 苫小牧港東港の露頭。ここでは、4層の軽石火山灰層が確認できる。

### ②むかわ町汐見の露頭

　国道 235 号にでて東へ向かい、むかわ町の市街を通過します。鵡川に架かる鵡川橋を渡り、汐見地区へ向かう交差点を右折してから、海岸に向かって約 2.3 km ほど進むと、右手の畑沿いの切割に露頭を確認できます。

　この露頭では、海岸線に直行する方向の断面を観察することができます。この断面は 3 つの山部と 2 つの谷部からなる起伏地形をもっています。

　ここでは、下部の火山灰層、中部の泥炭層、上部の軽石火山灰層、最上部の泥炭層を観察することができます(図 12 は中部以上を表示)。中部の泥炭層中には、1 層の火山灰層と 1 層の砂層がはさまれています。これらの火山灰層のうち、泥炭層中の火山灰層は複数のテフラがまざって再堆積したものと考えられました。また、上部の軽石火山灰層は、Us-b と Ta-b が重なって堆積していることもわかりました。そして、この Us-b のすぐ下の泥炭層にはさまれている砂層は、苫小牧港東港の海岸の露頭で観察した津波堆積物に対比され、同じと考えられる地層です。

**図12** むかわ町汐見の露頭に見られる津波堆積物

　また，この露頭では津波堆積物が，地形の起伏に対応して層の厚さを変化させています。すなわち，地形の低いところでは4〜5 cmの厚さの地層を形成しているのに対し，地形の高いところほど薄くなっています。その地層の形状は連続する層状から途切れたレンズ状へと変化し，もっとも地形の高いところでは砂層を観察することができなくなります。このような特徴は，この砂層が津波堆積物であることを示す貴重な証拠の1つです。

　広い範囲を調査した結果，このような津波堆積物は海岸線から内陸へ1〜2 kmまで，もっとも高いところでは標高約8 mまで残っていました。津波の波高はこれ以上であると考えられ，2011年3月の東北地方太平洋沖地震津波のような巨大なものだった可能性があります。

　それでは，この津波堆積物は何によって引き起こされたものでしょうか。その回答はまだできませんが，早くに応えたいものです。

（高清水　康博）

# 3　日高沿岸地域の新第三紀ファンデルタ

見どころ　　〝ファンデルタ〟，耳慣れない言葉ですが，デルタ(三角州)のことはご存知でしょう。三角州は海や湖などに河川が流入し，河口域に土砂を堆積させてつくる堆積地形です。一方のファンは扇状地のことで，河川が山地から山麓にでるところで土砂を堆積させてつくる堆積地形です。日本列島のように地殻変動が激しいところでは山地と海があまり離れていないため，山麓に形成された扇状地が海にまで広がっている場合があり，そのようなものをファンデルタと呼んでいます。

山麓では地形の勾配が急にゆるやかになるので，河川の土砂を運ぶ力が弱くなって礫や砂など粗いものを堆積させます。ですから扇状地やファンデルタをつくる堆積物は，普通，礫や砂など粗いものからなります。日本列島で典型的なものは，富士川や天竜川，神通川や黒部川など中部日本の山岳地帯から流れ出る河川の下流〜河口域のファンデルタがあげられます。

日高沿岸地域には後期中新世から鮮新世(1,000万〜400万年ほど前)にかけて堆積した礫岩に富む厚い地層が広がっていて，ファンデルタの堆積物と考えられて

3 日高沿岸地域の新第三紀ファンデルタ　231

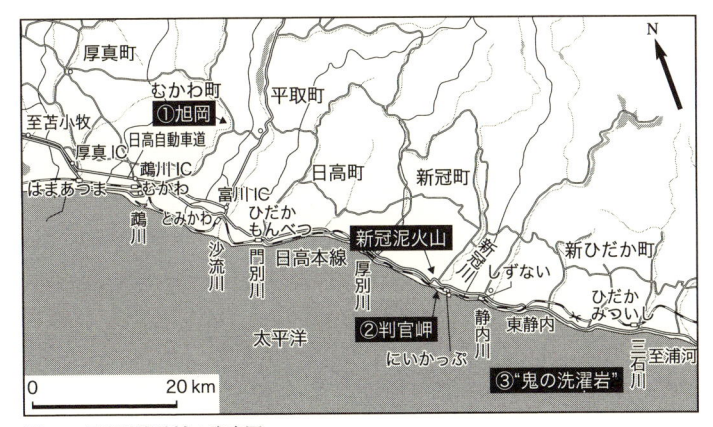

**図13** 日高沿岸地域の案内図

います。現在の日高沿岸域にはファンデルタや扇状地は発達していませんが，なぜ後期中新世〜鮮新世ごろにはそれらが発達したのでしょうか。露頭を観察しながら一緒に考えていきましょう。

地 形 図　2.5万分の1「旭岡」「静内」「東静内」
　　　　　5万分の1「富川」「静内」「東静内」

交　　通　このコースには車が適しています。
　　　　　①へはJR日高本線「鵡川」駅下車，道南バスかむかわ町営バス穂別方面行きに乗換，旭岡停留所下車。
　　　　　②へはJR日高本線「新冠」駅下車。
　　　　　③へはJR日高本線「東静内」駅下車。

コ ー ス　むかわ―(12 km)→①旭岡―(44 km)→②判官岬―(8.5 km)→③東静内

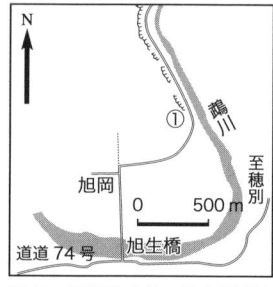

**図 14** 観察地点①の案内図(左)。写真は荷菜層の砂岩シルト岩互層と礫岩層。崖の高さは 20 m ほど

### ①旭岡——後期中新世〜鮮新世のファンデルタ

　苫小牧と日高沿岸の街を結ぶ国道 235 号で，むかわ町に向かいましょう。中心市街を抜け鵡川橋を越えると間もなく，むかわ町穂別へと向かう道道 74 号との T 字路交差点がありますので，そこを左折して道道に入ります。生田小学校を過ぎ，鵡川が大きく蛇行するカーブのところで左折し，旭生橋を渡ると旭岡の集落です。

　図 14 の露頭は後期中新世〜前期鮮新世の荷菜層です。この付近では，後期中新世を示す珪藻化石が産出しています。崖の中段から下の方には砂岩と白っぽいシルト岩の互層が見え，それをおおって厚い礫岩層が崖の上段に露出しています。礫岩層の下底面は，下位の地層の層理面を低角度で削剥しています。また礫岩層内にはシルト岩のリップアップクラストがたくさん含まれています。リップアップクラストとは，泥質の水底が流れによって引き剝がされ，それが礫となって下流に堆積したもののことです。礫岩層は，海底の河道状にへこんだ地形を重力流の移動経路に沿って埋積したものと想像されます。荷菜層は全体として上位に粗粒な岩相になっています。

3　日高沿岸地域の新第三紀ファンデルタ　233

**図15**　左は判官岬に露出する元神部層。地層はほぼ直立する。写真は幅12 m，高さ10 mほどの範囲を撮影。右はルート案内図

## ②判官岬——後期中新世のファンデルタ

　国道235号に戻って新冠町を目指しましょう。新冠泥火山(コラム参照)を過ぎるとすぐ，新冠川へと下りていく左カーブの右手に馬頭観音寺ののぼりが立っています。そこから観音寺へ向かう道へと直進すると新冠町立の「日高判官館青年の家」に到着します。

　新冠川に沿って歩いて海へ向かうと，すぐ右手の波に洗われた崖には，後期中新世に堆積した元神部層の露頭があります(図15)。この場所は線路ぎわで危険ですので，近寄らないで下さい。

　地層の傾斜はほとんど垂直で，トラフ状斜交層理を示す礫岩〜礫質砂岩(厚さは10 mほど)，その海側に平行成層する砂岩(厚さは2.5 mほど)，さらに海側に厚い層理の砂岩・礫岩が続きます。平行成層する砂岩のところに波で削られた洞がありますが，その壁面にはフルートキャストが見えます(図16)。フルートキャストは，重力流の一種である乱泥流によって堆積したタービダイトに特徴的な構造で，乱泥流が水底の堆積物を削ってつくったものです。一方，礫質砂岩に見られるトラフ状斜交層理は，すでに水底に堆積していた砂や礫が，重力流に

**図16** ハンマーの右側に見える凹凸が，砂岩層下底面に発達するフルートキャスト。
写真右上側がややすぼまり，左下へ向って広がる形態から，流れは右上から左下方向(北北西→南南東)だった。

より水底を再移動・再堆積してできたものでしょう。

次に礫の種類を調べると，砂岩や頁岩，花崗岩質岩などの礫にまじって，やや扁平で，暗赤色と白色の細かい縞模様をもつ礫があります。この縞模様は堆積構造の葉理ではなく片理と呼ばれ，変成岩に発達する面構造です(Ⅷ章参照)。赤味がかった部分には，片理面に沿って黒雲母ができています。

元神部層の下位の地層は，Ⅶ章2節で紹介した川端層が形成された時代に相当するもので，この付近では受乞層と呼ばれています。受乞層には，片理の発達した変成岩の礫はほとんど入っていません。元神部層の変成岩礫は，日高山脈に露出する日高変成岩類に似ているので，元神部層が堆積した後期中新世になって日高変成岩類が地表に露出し，侵食され始めたと考えられています。

日高変成岩類は地下の深いところ(Ⅷ章参照)で形成された岩石で，それらが地表まで達した原動力は，現在，北海道の西部地域と東部地域をつくっているふたつの陸塊の衝突にあるとされています。つまり北海道中央部では，その衝突にともなって中期中新世以降に山脈化が進むとともに，活発な侵食によって大量の土砂が現在の日高沿岸地域

図17 東静内アサリ浜に見られる"鬼の洗濯板"。元神部層の砂岩・泥岩・礫岩の互層からなる波食棚が，干潮時に海面に現れる。

へ供給されたと想像されます。この古日高山脈ともいえる山脈の西側に広がる海は，急速に深くなっていき，川端層や受乞層のタービダイトが堆積しました。そして後期中新世にはやや浅くなって，山地から扇状地が広がり，ファンデルタをつくっていたと想像されています。

### ③東静内──鬼の洗濯板（アサリ浜）

"鬼の洗濯板"は九州宮崎県の日南海岸が有名ですが，ここ北海道の日高海岸にもちょっとした"鬼の洗濯板"が見られます。新ひだか町東静内の市街を抜けてすぐのあたりに，干潮時の海岸に元神部層の砂岩・泥岩・礫岩の互層からなる波食棚が広く現れます（図17）。固い砂岩層が出っ張って，軟らかい泥岩層のほうが波に削られてへこむので，層理面に沿う直線状の凹凸地形ができるのです。ちなみに洗濯板とは，たくさんの凹凸がつけられた板で，昔はその上で衣類をゴシゴシこすって洗った生活用具です。

このくらいの規模の露頭で見ると，重力流によって運ばれた砂がかなりの広がりで堆積したことが実感できます。流れた方向と露出面との関係もありますが，1枚1枚の砂岩層の形成が過去に起こった洪水や嵐，地震など何らかの大きなイベントに対応しているのです。

（川上 源太郎）

## 新冠泥火山

　日高地方,とくに新冠から静内にかけては点々と泥火山が分布しています。その代表格が新冠泥火山です。国道235号を門別方面から新冠市街に入る手前の牧場には,「新冠泥火山」の看板と高さ15〜20 mほどの小高い丘が見えます。国道からは門別側にもう1つ,丘が見えます。これらが北海道の天然記念物に指定されている新冠泥火山です(図18)。

　泥火山とは,地下から水と一緒に噴出した泥が積み重なってできた丘のことで,世界中の油田地帯や海底の現世付加体などの変動帯に分布しています。なお,阿寒湖の「ボッケ」のように温泉にともなう小規模な泥火山もあります。

　新冠泥火山は,新潟地域で発見されるまでは,国内陸上で唯一の泥火山といわれていました。また,現在は活動していないものの,静内など日高地方の他の地域にも分布することがわかってきています。

　新冠泥火山の特徴は大地震にともなって噴泥や亀裂の発生などの変動が発生することです。1952年および1968年十勝沖,1982年浦河沖,1993年釧路沖,1994年北海道東方沖などの各地震の際に変動があったことが多くの調査報告書に書かれています。最近では,2003年十勝沖地震でも激しい変動がありました(図19)。道道に近い第八丘の頂きは激しく耕された畑のようになり,中央部には亀裂に沿って青灰色の粘土がしぼりだされました(噴泥)。周囲の牧草には噴きだした泥水の痕がみられ,麓の道道や駐車公園にも亀裂などの変形が発生しました。

**図 18** 新冠泥火山(㈱シン技術コンサル提供)
矢印は第八丘

**図 19** 2003年十勝沖地震で噴出した泥火山

　噴泥現象は，泥火山の地下に異常な高水圧の地層(異常高圧層)があり，地上への通路が開くなど，何らかの圧力の開放が生じたときに，液状化した泥が流動して発生します。異常高圧の原因としては，地質構造的な圧縮や地層中のメタンの生成などが考えられています。

　新冠泥火山が地震のときにだけ変動を起しているのは，すでに地下の異常高圧の状態が弱まり，地殻の「ひずみ」によってわずかに流体圧が高まるような状態となっているためではないか，と推定されています。地下の異常高圧層の実態はまだよくわかっていません。また，将来の活動を知る手がかりとなる有史前の変動の歴史も不明です。新冠泥火山は多くの謎を秘めているのです。

(田近　淳)

## 4　三石蓬萊山
　　――沈み込んだ海底の岩石――

見どころ　　創世神が浜で鯨を焼いていた串が，焚火の火ではねて飛んできたものとされる蓬萊山(ほうらいさん)は，プレートの沈み込みによって地下の深部でつくられた変成岩でできています。沈み込み帯ではどんな岩石ができるのか，またどのようにして沈み込んだあとに持ちあがったのでしょうか，想像しながら歩いてみましょう。

地形図　　2万5千分の1「三石(みついし)」
　　　　　5万分の1「三石」

交　通　　JR日高(ひだか)本線「蓬栄(ほうえい)」駅下車，徒歩15分

コース　　蓬栄駅―(0.9 km)→①②蓬萊山―(0.5 km)―③蓬萊新橋たもと―(2.6 km)―④送電線下の露頭

4 三石蓬莱山 239

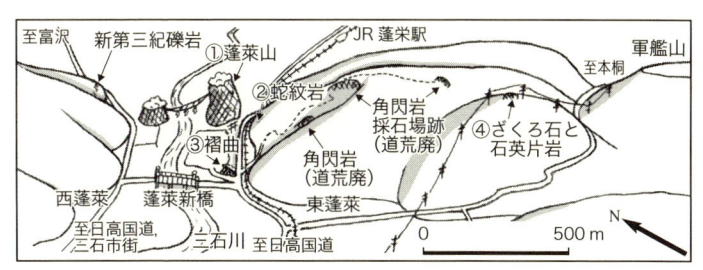

図20 三石蓬莱山の案内図(イラスト鳥瞰図で，距離・方位は概略)

## ①蓬莱山へ

 蓬栄駅から海側に下って行くと，空に突きだすようにそびえる蓬莱山に着きます。道路わきの部分は金網でおおわれていますが，河原側にまわると裸の岩石を観察できます(図21)。蓬莱山は信仰の対象なので，破壊はつつしみましょう。

 苔のついていない割れ口をルーペで観察すると，暗緑色〜黒色の普通角閃石(かくせんせき)，白い曹長石(そうちょうせき)，黄色〜若草色の緑れん石(りょくせき)の鉱物粒が集まって

図21 三石蓬莱山

**図 22** アクチノ閃石岩。蛇紋岩の形成時に吐き出されたカルシウムが濃集してできた。

できています。この岩石は変成岩の一種の緑れん石角閃岩で、玄武岩や斑れい岩が500℃前後、深さ15〜30 kmぐらいの地下深部で、水と化学反応してできたものです。

なお、注意深く観察すると、やや青みがかった縞や、割れ口に青っぽい被膜が見られる部分があります。この青みは、アルカリ角閃石という鉱物ができているためです。アルカリ角閃石は、比較的温度が低く圧力が高い状態(300℃前後、深さ15〜30 kmぐらい)でできるので、緑れん石角閃岩が地下深部で冷やされたことを示しています。アルカリ角閃石は、庭石として用いられる青トラ石(新冠温泉の駐車場にある「青油石」も同様・Ⅷ章2節参照)にも含まれています。

②**蓬萊山**——生い立ちを語る蛇紋岩

蓬萊山から道路と線路をはさんだ反対側には、青っぽい土砂が崩れた部分が見え、何種類かの岩石片が含まれています。表面がつるつる

**図 23** 緑れん石角閃岩の褶曲。左下に白雲母が濃集している。

で割れ口が「ようかん」のように黒い岩石が蛇紋岩です。黒っぽい棒か針のような結晶がぎっしりつまった石はアクチノ閃石岩です（図22）。緑色でざらざらした感じの石は緑色片岩で，緑れん石角閃岩よりやや低い温度と圧力で玄武岩が変成したものです。白っぽい石はロジン岩と呼ばれています。青白い粘土は，蛇紋岩が風化してできたものです。

地球の表層の地殻は，私たちが普通に見る岩石がある部分で，深さおよそ30 kmまでをつくっています。その下には，マントルという高温の部分（通常はおよそ800℃以上）があり，かんらん岩という岩石でできています。このかんらん岩が，600℃より低い温度（通常400℃以下）で水と化学反応を起こすと蛇紋岩になります。したがって蛇紋岩は，地下の深い部分が冷やされたことと，そこまで水が運ばれたこと示しています。かんらん岩は，様似町のアポイ岳周辺で見られます。後日，アポイ岳に行く人は，ここの蛇紋岩とアポイ岳のかんらん岩を比べてみましょう。

**図24** 作業道とざくろ石角閃岩の露頭(矢印)

　アクチノ閃石岩やロジン岩は，できかたが少し変わっています。かんらん岩が蛇紋岩に変成するときに，余ったカルシウムが吐きだされます。このカルシウムが蛇紋岩や他の岩石の一部に濃集するとアクチノ閃石岩やロジン岩になります。

③**蓬莱新橋のたもと**——緑れん石角閃岩の褶曲

　蓬莱新橋の手前の小さな露頭でも，蓬莱山と同様の緑れん石角閃岩が見られます。ここでは縞模様がはっきりした部分があり，縞が曲げられた様子(褶曲構造)が観察できます(図23)。また，径5mmぐらいの薄くて銀色のギラギラした白雲母がたくさん入っている部分があります。

④**送電線下の露頭**——ざくろ石角閃岩とざくろ石石英片岩

　車で訪れた人や時間に余裕がある人は，蓬莱山の裏山の頂上付近にある露頭に行ってみましょう。ざくろ石(ガーネット)の入った角閃岩と，粒の大きい磁鉄鉱が入った石英片岩という変成岩が見られます。いずれもきれいな石で，かつて石材として採掘されていました。蓬莱

新橋を渡らず道を下り，左折して踏切を渡り本桐へ向かう舗装道に入ります。道が峠にさしかかる少し手前で送電線が道を横切っていて，そこから左手(西側)に延びる作業道を5分ほど登ると露頭です。

　岩の表面を観察すると，これまで見た長石，角閃石，白雲母のほかに，直径2〜3mmの赤くて丸いざくろ石が入っています。非常に細かい緑れん石も入っています。

　さて，露頭のわきには，石が集まって落ちている場所があります。これらの石は割れ口がギラギラと透き通った感じで，ハンマーで叩くと非常に硬い石だとわかります。これらはほとんど石英でできた，石英片岩です。多くは灰色ですが，非常に細かいざくろ石が集まったピンク色の縞模様をもつものもあります。径5mmほどの，黒光りした多角形の磁鉄鉱が入ったものもあります。ところで，ほとんど石英からできた変成岩は，何がもとになっているのでしょうか？

　実際に石を見てピンとくる方もいると思いますが，石英片岩は，同じくほとんど石英からできているチャートという堆積岩が変成作用を受けたものです。チャートは，陸から遠く離れた大洋の深海底(玄武岩でできている)に，プランクトンの遺骸(マリンスノー)が沈積してつくられる石です。ですから蓬莱山周辺の変成岩は，海洋プレートの玄武岩やチャートが地下深くに沈み込んでできたことがわかり，過去の沈み込み帯の化石といえます。

　なお，露頭のある小山の裏側には小さな採石場跡があり，石英片岩を露頭で観察できます。石材として使われている有名な場所としては，北海道庁の本庁舎周辺や北海道大学構内のクラーク像に対峙する「聖蹟碑」があります。硬くて重厚な印象を与える石材といえるでしょう。

　蓬莱山は1975年に三石町の天然記念物として指定されました。お祭りのときには，三石川対岸の岩塊にかけて全長130mの大しめ縄を渡します。

(植田　勇人)

## 5 幌別川に沿って
―― イドンナップ帯の付加体 ――

見どころ 　　日高山脈が隆起する以前の，中生代の海でつくられた岩石が見られます。そこには，深海底に降り積もってできた岩石，ハワイなど大洋の中央部の火山島で見られる岩石，さらには形成時代が大きく異なる海溝の堆積物が，それぞれ断層をはさんでごちゃまぜになってひとまとまりに横たわっています。

　　　　　　このような岩石の展示会のような場が，なぜここにあるのでしょうか。それらの岩石を通して，今日の中央北海道の土台がどのようにしてできたか，想像しながら観察しましょう。

地 形 図 　　2.5万分の1「西舎」，「上杵臼」，「日高幌別川上流」
　　　　　　5万分の1「西舎」

交　　通 　　このコースは自動車が便利です。

コ ー ス 　　JR日高本線「日高幌別」駅―(12 km)→①日高幌別川中州―(2 km)→②日高幌別川堰堤―(8 km)→③幌別林道脇メランジュ

5 幌別川に沿って　245

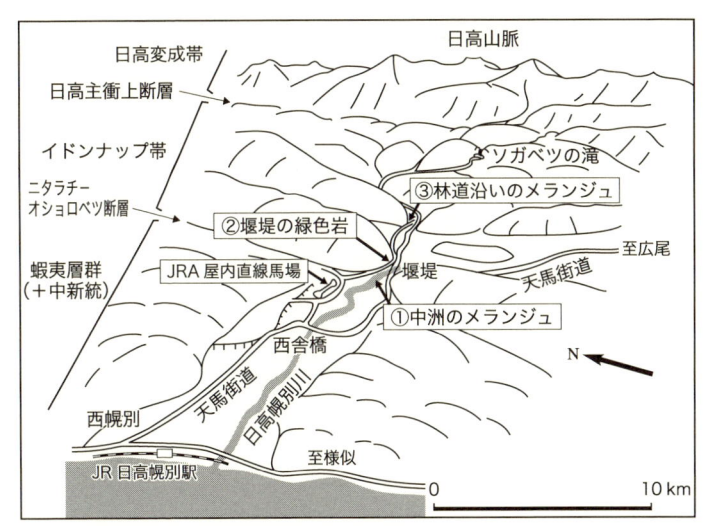

図25　幌別川に沿っての案内図(イラスト鳥瞰図で，距離・方位は概略)

## ①日高幌別川の中洲——イドンナップ帯メランジュ

　JR日高幌別駅西側の信号より天馬街道へ入り，6kmほど進むと日高幌別川を渡る橋にさしかかります。その手前をさらに北へ進む道道746号に入ります。しばらく進むとJRAの屋内直線馬場(長さ1km!)が見え，その先から幌別林道に入り，牧草地を過ぎた左カーブに車を停めましょう。ガードレールの上流側の端から河原に下りると，半ば陸伝いに中州の端に着きます。

　この露頭では，イドンナップ帯を代表する岩石を観察しましょう。中州の高まりにある板を重ねたような赤〜緑灰色の岩石はチャートで，陸から離れた深海底に放散虫というプランクトンの遺骸がマリンスノーとして降り積もって固まってできた岩石です。割れ口を水に濡らすと，ルーペで円く黒っぽい放散虫の化石が見えるでしょう。白亜紀

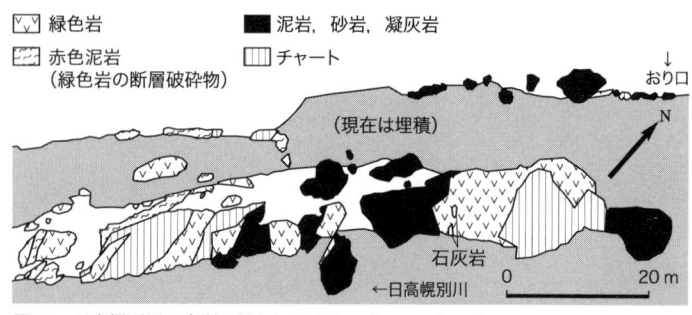

```
⌵⌵ 緑色岩              ■ 泥岩, 砂岩, 凝灰岩
▨ 赤色泥岩            ||| チャート
  （緑色岩の断層破砕物）
```

**図26** 日高幌別川の中洲で見られるメランジュのスケッチ


初頭(約1億4,000万年前)の堆積岩です。

　同じ高まりの下流側には，暗赤褐色〜暗緑色でチャートよりざらざらした質感の，緑色岩があります。普通輝石や斜長石のほかに，肉眼では見えませんが，褐色角閃石，エジル輝石，黒雲母，燐灰石などが含まれています。これは，玄武岩が変質した岩石です。このような鉱物を含む玄武岩は，ハワイなど大洋の中央部にある火山(海洋島)でよく知られているものです。

　緑色岩にともなって，薄赤色あるいは白っぽく表面が粉をふいたような石灰岩も認められます。石灰岩は，浅くて暖かい海で生物の石灰質の殻(貝殻，サンゴやある種のプランクトンなど)などが堆積してできた岩石です。この露頭では化石は見られませんが，浦河町上野深の元浦川支流ナイ沢にある石灰岩からは，後期三畳紀(2億2,000万年前ころ)の苔虫やコノドント化石が見つかっています。

　中州の高まりを越えて下流側に行くと，黒や灰色の岩石があります。黒は泥岩，灰色は砂岩で，それぞれ泥や砂が固まった堆積岩です。泥岩の中には，薄緑色の凝灰岩(火山灰が固まった堆積岩)の層もはさまれています。これらは前期白亜紀中ごろ(およそ1億3,000万年前)に，

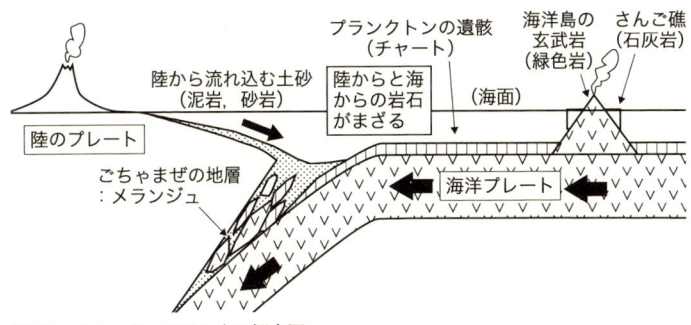

図27 メランジュのでき方の概念図

大陸近傍の深海(海溝)に堆積した地層です。さらに下流側にもこれらの岩石が繰り返しでてきます。

　どうして、この露頭では、時代もできた場所も違う岩石が一緒にあるのでしょうか？　種類の違う岩石の境目はどこも断層になっていて、露頭全体が寄木細工のようです。このようなごちゃまぜの地層は「メランジュ」と呼ばれ、海のプレートが陸のプレートの下に沈み込む境界部でできるものです(図27)。チャートがおおう海のプレート上にサンゴ礁をのせた火山島があり、これらが陸のプレートの下に沈み込む際に、多数の断層によって切り裂かれ、陸から流れ込んだ泥や砂とまざったのでしょう。このような成因の地層を、「付加体」といいます。

### ②日高幌別川堰堤——深海底玄武岩

　幌別林道をさかのぼると、オロマップキャンプ場のすぐ先に砂防堰堤があり、秋になるとたくさんの鮭の勇壮なジャンプを見ることができます。堰堤のわきには、緑色岩の露頭があります。先ほどの中州で見た露頭の緑色岩が大洋の火山島起源だったのに対し、この露頭のものは深海底の玄武岩とよく似た成分でできています。

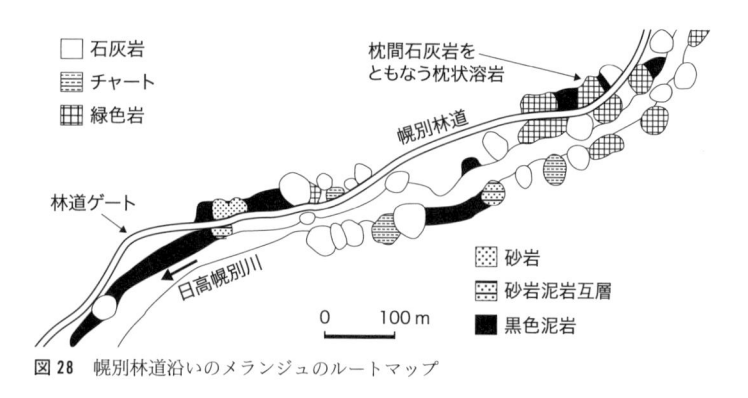

**図28** 幌別林道沿いのメランジュのルートマップ

### ③幌別林道脇——含石灰岩メランジュ

　堰堤からさらに8kmほどさかのぼると，林道ゲートの先からメランジュの露頭がしばらく続きます。中州と同様の数種類の岩石が繰り返し現れますが，ここではチャートが灰白色でやや透き通った質感になっています。ここのメランジュは石灰岩が多いのが特徴で，直径が数十mを超える大きな岩体もあります(図28)。残念ながら，ここでも化石を見つけることはできません。

　なお，遠洋性の石灰岩は，不純物である泥や砂の粒子が少ないために，良質なセメント用の原材料として採掘されています。天馬街道を野塚トンネルに向かう途中で採石場を眺めることができます。

　さて日高幌別川が北東‐南西から南北に向きを変えるカーブのあたりには，緑色岩の枕状溶岩があり，枕の間に石灰岩がはさまれる様子を見ることができます(図29)。ここの緑色岩は火山島起源のもので，石灰岩が堆積する暖かく浅い海が広がるなかで，ハワイ諸島で今日見ることができるような火山活動があって，溶岩が石灰岩の上に流れでたことを示しています。

　このコースでの観察によって，遠い南洋から運ばれてきた石灰岩や

図 29　幌別林道沿いのメランジュ中の石灰岩(L)をともなう枕状溶岩(P)の露頭写真

枕状溶岩がメランジュとなって，現在の北海道の背骨をつくる日高山脈のすそ野を構成していることがおわかりでしょう。

(植田　勇人)

# 6　幌満かんらん岩

見どころ　　アポイ岳のかんらん岩は，学術名で「幌満かんらん岩」と呼ばれ，アポイ岳からピンネシリ周辺や幌満川下流～中流域，坊主山周辺にかけて，広く分布します。もともとは，地下数十 km 深部の上部マントルにあって，玄武岩質マグマの起源物質(マグマ源)の岩石でした。これが，日高山脈ができたときに，地下深部から押しあげられて，かんらん岩の山になりました。

幌満かんらん岩は，主にオリーブ色のかんらん石からなり，斜方輝石(褐色)，単斜輝石(エメラルドグリン色)，スピネル(黒色)などの鉱物を含みます。上部マントルの高温高圧下でできた鉱物や組織パターンをそのままの形で残していて，マグマ発生源の情報をもつ貴重な学術標本になっています。国際的にとても有名で，2002 年には「国際レルゾライト会議」が様似町公民館で開催されました。

地 形 図　　5万分の1「浦河」「えりも」
　　　　　　2.5万分の1「様似」「上杵臼」「幌満」「アポイ岳」

交　　通　　JR 日高本線，終着「様似」駅で下車。札幌駅前ターミナルから JR バス高速えりも号で様似駅下車。

6 幌満かんらん岩 251

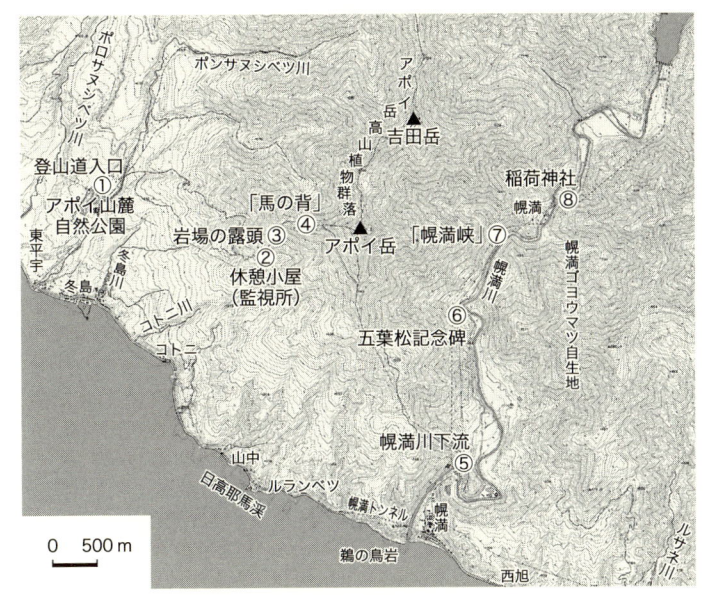

**図30** 案内図(国土地理院2.5万分の1地形図「アポイ岳」「幌満」を使用)

|  |  |
|---|---|
|  | 自家用車が便利。 |
| コース1 | 〈アポイ岳登山コース〉<br>様似駅—(5.7 km)—①アポイ山麓自然公園/ビジターセンター/登山道入口—(3 km)→②5合目山小屋(監視所)—(0.4 km)→③岩場の露頭—(0.4 km)→④馬の背お花畑—(0.8 km)→アポイ岳山頂(標高810 m) |
| コース2 | 〈幌満川コース〉<br>様似駅—(11 km)→⑤幌満川下流—(2.8 km)→⑥ゴヨウマツ記念碑—(1.2 km)→⑦「幌満峡」—(0.8 km)→⑧幌満川稲荷神社→(3.7 km)→幌満ダム |
| 情　報 | かんらん岩の分布地域にかぎって自生するヒダカソウ |

などの高山植物は，特別天然記念物（アポイ岳高山植物群落）に指定されています。ここでは，ハンマーなどを使ってかんらん岩を採取できません。また，自然公園法の特別保護地区に指定されており，北海道希少野生動植物の保護に関する条例によって立入制限地区になっています。登山道から外れて入山できませんので，くれぐれもご注意下さい。

日本ジオパークに認定された「アポイ岳ジオパーク」では，テーマ別に33か所のGeositeを設定しています。ここでは観察地点にGeosite番号をつけました。ジオパークの詳細については，「アポイ岳ジオパーク」のホームページをご覧下さい。

**図31** アポイ岳ジオパークのジオサイトマップ

## コース1〈アポイ岳登山コース〉

### ①アポイ山麓自然公園

アポイ山麓自然公園に着いたら，ビジターセンターに行ってみましょう。幌満かんらん岩の代表的な標本が展示されていて，その解説を読みながら，かんらん岩の学習ができます。また，かんらん岩の地域にかぎって自生する高山植物の写真も展示されています。アポイ岳登山の最新情報を聞くことができますので，必ず立ちよりましょう。

自然公園を流れるポンサヌシベツ川の川べりには，大きなかんらん岩が護岸ブロックに使われています。ここでさまざまなタイプのかんらん岩を見ることができます。余裕の時間を公園で過ごし，ぜひアポイ山麓の自然を味わってみてください。

ビジターセンター右横の道が，アポイ岳の登山道に続いています。

**図 32** アポイ岳西方尾根の岩場に露出する層状の斑れい岩とかんらん岩の露頭。背景にアポイ岳山頂

登山道入口の右手に「入林許可証名簿記入所」があります。ここで，必ず氏名と入山・下山時刻を記帳しましょう。

### ② 5合目山小屋(監視所)〈Geosite B3〉

登山道入口から約1時間，林の中の登山道を進むと，休憩小屋(監視所)に着きます。目の前にアポイ岳の山頂をのぞみ，眼下に太平洋が広がっています。ここで十分な休息をとりましょう。小屋のそばには，かんらん岩の露頭があります。細粒な斜長石の薄層を含む斜長石レルゾライトです。斜長石は硬く風化に強いので，風化面でゴツゴツととびでている部分に含まれています。

### ③ 岩場の露頭：6〜7合目〈Geosite B4〉

休憩小屋から「馬の背」を目指しましょう。急な登山道ですが，ゆっくりしたペースで15分くらい登ります。6合目の手前に，かんらん岩の岩場があります。ここでの観察ポイントはふたつです。ひとつは，著しくMgに富むタイプのかんらん岩で，かんらん石のMg/Fe比が0.93以上もあり，とてもめずらしいタイプです。このかんら

**図33** アポイ岳西方尾根「馬の背」。正面にアポイ岳山頂

岩は，登山道が岩場を横切って階段状になっているところに露出しており，容易に観察できます。もうひとつは，斑れい岩質の苦鉄質岩とかんらん岩が互層する部分です。岩場を登りきったところに，ほぼ水平な層状の露頭があります。近づいて観察しましょう(図32)。硬くとびでて見えるのが苦鉄質岩で，褐色のくぼんだ部分がかんらん岩です。

### ④馬の背お花畑 〈Geosite B5〉

ここは，標高615m，アポイ岳西方尾根です(図33)。ここからの眺めは格別です。アポイ岳の山頂から北尾根のスカイラインに目をやると，とがった三角形のピークが吉田岳，さらに北側の3つのピークの真ん中がピンネシリ山頂です(図34)。稜線の途中のところどころにかんらん岩が露出していて，「これはかんらん岩の山だ！」と実感できます。遠く北の方向に連なる山々は，日高山脈の南の脊梁をつくっている楽古岳や野塚岳です。

### アポイ岳山頂

体力にも時間にも余裕のある人は，馬の背から急な登山道を登って，アポイ岳(標高810.2m)の山頂を目指しましょう。北に日高山脈の山並みをのぞみ，南に太平洋が眼下に広がる雄大な景色を楽しむことが

**図34** かんらん岩の山。アポイ岳西方尾根「馬の背」からアポイ岳の北に連なる山嶺，吉田岳，ピンネシリを望む

できます。

　山頂からの帰りは，同じルートを戻ります。馬の背を通って5合目の休憩小屋まで約1時間，小屋から登山口まで約1時間，足をすべらせないように無事に下山しましょう。

## コース2〈幌満川コース〉
### ⑤幌満川下流のかんらん岩：第2発電所〈Geosite A1〉

　幌満川を道路沿いにさかのぼって，「かんらん岩の峡谷」を見に行きましょう。国道235号の信号から800 mほどで橋を渡り，左手の発電所寄りの道路沿いにかんらん岩の露頭があります。かんらん岩は，ここから上流に約10 km，ダム湖の北西の新富越えまで分布します。ここが，ちょうど幌満かんらん岩体の南端にあたります。

　かんらん岩の転石を手に取ってみましょう。オリーブ色の生地の部分がかんらん石で，褐色の斜方輝石，エメラルドグリン色の単斜輝石，真っ黒なスピネルが識別できます。かんらん岩に含まれる輝石の量は

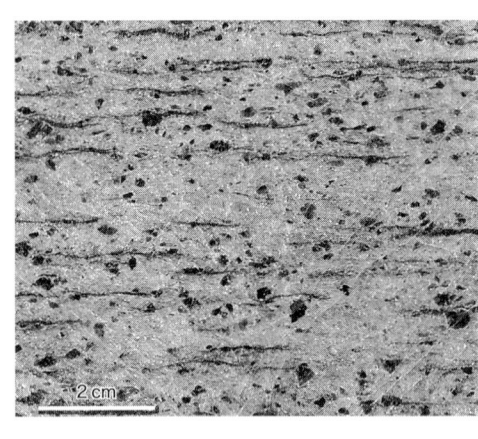

図35 レルゾライト。赤紫色の薄層にざくろ石が減圧分解してできた結晶集合物を含む

変化に富み，輝石の多いかんらん岩はレルゾライト（図35），輝石の少ないものはハルツバージャイトと呼ばれています。

### ⑥ゴヨウマツ記念碑〈Geosite A3〉

かんらん岩地域に自生する五葉松の記念碑です。これを見てから裏手の河岸に下りてみましょう。岩場のかんらん岩はレルゾライトです。このなかに，特徴的に赤紫色の薄層があり，シンプレクタイトと呼ばれる粒状の結晶集合物が含まれています。粒径1〜数mm程度で，ルーペで見ることができます。これは，もともとはガーネット（ざくろ石）で，地下深部から持ちあげられたときに減圧分解してできた輝石とスピネルの細粒結晶です。幌満かんらん岩が，かつて地下およそ60 km深部の高圧の上部マントルにあったことを示す証拠のひとつです。

### ⑦「幌満峡」：不動の沢，第2発電所堰堤〈Geosite A4〜A5〉

幌満川に沿って美しい峡谷が続きます。地元の人たちは「幌満峡」と呼んでいます。とくに不動の沢の合流点の上流側では，川が急峻なかんらん岩の岩壁の間を流れ下り，四季折々の景色を楽しむことができます。岩壁のかんらん岩は，輝石の乏しいハルツバージャイトで，

**図36** 斜長石レルゾライトの露頭。
2002年「国際レルゾライト会議」のフィールド観察の1コマ

大部分がかんらん石からなり，斜方輝石(褐色)やスピネル(黒色)を少量含みます。このタイプのかんらん岩は，地下深部の上部マントルで玄武岩質マグマをつくり，そのとき融け残ったかんらん石や斜方輝石からできていると考えられています。

### ⑧幌満川稲荷神社(旧第1発電所) 〈Geosite A6〉

　幌満川の河岸の岩場に下りてみましょう。転んでケガをしないよう，注意が必要です。やや上流側の流れがきつくなっているところの大きな露頭で，斜長石レルゾライトを観察できます(図36)。斜方輝石(濃褐色)や単斜輝石(暗緑色)の量が多く，輝石のめだつタイプのかんらん岩です。白く筋状に見える部分に斜長石が含まれています。このタイプのかんらん岩は，上部マントルで玄武岩質マグマが融けて抜けでることがなかったかんらん岩で，もともとの上部マントルを代表するタイプであると見なされています。ここで，同じかんらん岩にも，さまざまなタイプのかんらん岩があることが実感できます。

(新井田 清信)

## 様似町役場前庭のかんらん岩広場

　国道235号沿いの様似町役場の前庭に「かんらん岩」広場があります。噴水の周辺にかんらん岩の大きな研磨標本が展示されて，前庭全体が野外博物館になっています。かんらん岩とともに日高山脈をつくる深成岩(トーナル岩・斑れい岩)や地殻最下部の高温高圧のもとでできた変成岩(グラニュライト)もあります。

　広場の正面のかんらん岩には，「アポイの鼓動」を解説した標本があります。好天の日には，ここでアポイ岳の山並みを見ながら，かんらん岩に含まれているかんらん石や輝石などの鉱物を観察しましょう。

**図 37** かんらん岩広場の解説標本

———〈広場の標本に書かれている解説文〉———
アポイの鼓動〜かんらん岩，見る，触れる，感じる広場〜
　かぎりなく堂々として，美しいアポイの山並み。アポイはかんらん岩の山です。もともとは地下深く，およそ数10km深部の上部マントルにありました。
　かんらん岩は玄武岩質マグマの起源物質です。日高山脈ができたときに，高温だった上部マントルから押し上げられて，地表に露出しました。
　アポイのかんらん岩はとても新鮮で，かんらん石も，輝石も，スピネルも，高温高圧の上部マントルにあったままの形で含まれています。学術的にきわめて貴重で，「*Horoman peridotite*(幌満かんらん岩)」の名前で世界的に有名です。
　「ヒダカソウ」などの高山植物をはぐくむ「かんらん岩」の山。アポイの自然。広場のかんらん岩を，見て，触れて，感じてみてください。地球は生きているよ。

6 幌満かんらん岩　259

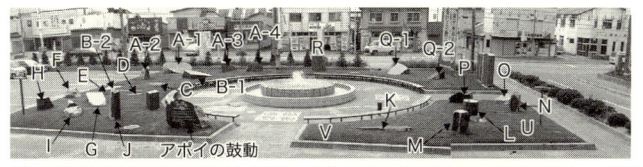

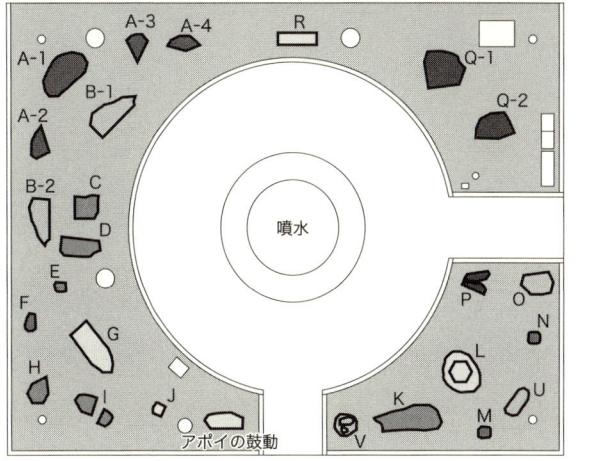

**図 38**　広場の全景〈展示標本の配置と岩石タイプ名〉
A-1〜4：ダナイト(一部ハルツバージャイト質)，B-1〜2：ハルツバージャイト(ダナイト脈を含む)，C, D, E：ハルツバージャイト，F：風化面のままのハルツバージャイト，G, J, L, R：ハルツバージャイト(ダナイト脈を多数含む)，H, I, K：レルゾライト(輝石 - スピネルのシンプレクタイトを含む)，M, N：トーナル岩(ミグマタイト)，O：かんらん石はんれい岩，P：斜長石レルゾライト中のはんれい岩層，Q-1〜2：斜長石レルゾライト，U, V：グラニュライト

　公民館の玄関横には，かんらん岩の代表的な岩石タイプのレルゾライトでできた記念碑があります。これは，この公民館で開催された国際レルゾライト会議(2002年)を記念して設置されました。全面磨きの，みごとな標本です。

(新井田　清信)

# 7　えりも岬の古第三紀礫岩

見 ど こ ろ　　北海道を東西に二分する日高山脈が，あたかも太平洋に向かって沈み込むような襟裳岬。その岩盤には日高山脈の生い立ちを語るたくさんのヒントが隠されています。岩盤中の石ころたちの，種類や奇妙な形に注目し，それがどのようなことを意味しているのか考えてみましょう。

地 形 図　　5万分の1「襟裳岬」
　　　　　　2.5万分の1「襟裳岬」

交　　通　　このコースには車が適しています。

コ ー ス　　①襟裳岬―(6.5 km)―②歌露

情　　報　　本章の地質見学の旅も，ついに襟裳岬の先端まで到達しました。襟裳岬付近は風が強く，穏やかに晴れた日に見学できるとは限りませんので，夏でも防寒対策を忘れないようにしましょう。

　　　　　　また，本書では歌露や百人浜から襟裳岬までの広い半島状の地域を〝えりも岬〟と呼ぶことにします。

7 えりも岬の古第三紀礫岩　261

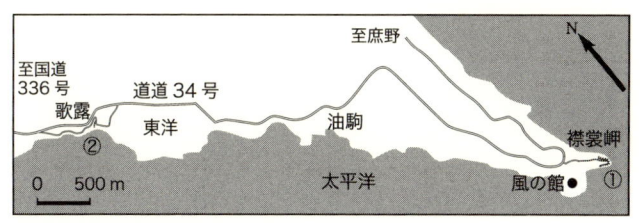

**図39** えりも岬の案内図

### ①襟裳岬

　岬の駐車場に車を停めて，ドライブインの裏手にまわり民宿のわきを通って海に下りる細い道があります。岬の先端に下り立つとすぐ左手に海から突きでた露頭が見えますが，これは襟裳層の塊状の砂岩で，まれに貝化石が含まれています。北側へは海岸に沿って，表面が赤っぽく風化した岩石が露出していますが，そちらは襟裳層の下位の日高累層群の頁岩，砂岩頁岩互層です。両者の接触部も観察でき，ここでは断層関係と考えられています。

　岬をまわって西側へ移動しましょう。拳大〜人頭大の粗い礫からなる礫岩が露出しています（図40）。白っぽい花崗岩礫がめだちますが，そのほかに泥岩・頁岩礫や，わずかに緑がかった灰色の砂岩礫，淡い緑色をした火山岩礫などが含まれています。そのほか，ホルンフェルスも見つかります。花崗岩礫のなかには，径が2mを超える大きなものもあります（図40右）。さらに海岸を北へ少し移動すると，礫岩の上位に暗灰色〜黒灰色の泥岩が露出しています。礫岩と泥岩をあわせて，襟裳層と呼んでいます。

　礫岩は礫の間を埋める基質に乏しく，礫同士がくっつき合っています。わかりにくいかもしれませんが，正級化構造や逆級化構造を観察することができます（図40左）。逆級化構造とは，1枚の地層内の礫や砂の粒度が上位へ向かって粗くなる構造のことをいいます。また漸移

**図40** 岬の先端に露出する襟裳層の礫岩層。正級化構造や逆級化構造のほか，単層内で礫径が急激に変化するなど，多様な堆積構造を示す（左写真）。
右写真の人物の左側に見える白い大きな礫が，花崗岩の巨礫。人物は身長180 cm

的な粒度変化ではなく，礫のサイズが急激に変わる部分も認められ（図40右），堆積する過程で何らかの不連続や侵食があったことを示し，複雑な形成過程が推定されます。

礫岩には砂岩泥岩の互層がはさまれますが，その泥岩部分から渦鞭毛藻と呼ばれる藻類の化石が見出され，襟裳層は後期漸新世ごろ（およそ2,500万年前）に堆積したことが明らかになっています。砂岩に含まれる貝化石とともに海棲の渦鞭毛藻化石が産出することから，襟裳層は海成層です。また礫岩の堆積構造は，粗粒な礫が重力流によって運搬され堆積したことを教えてくれます。

北海道にはこのような後期漸新世の地層が散点的に分布していますが，襟裳層も含めていずれも断片的な分布のため，当時の地質環境についてあまり詳しいことはわかっていません。花崗岩礫に含まれている黒雲母を分離して，カリウム－アルゴン法による放射年代測定を行うと3,000万年前を示し，同じような年代をもつ花崗岩が日高山脈南部に分布しています。本章の3節では，後期中新世のファンデルタの

**図41** 写真中央の長く延びた白い部分が，変形した花崗岩礫

堆積物に日高山脈(日高変成帯)由来の礫が含まれることをお話ししましたが，襟裳層の花崗岩礫の存在は，それより2,000万年も古い後期漸新世に，日高山脈が侵食されていたことを示します。どうやら日高山脈が成立するまでの過程は，そう単純ではなさそうです。

**②歌露**──礫岩に見るふたつの陸塊の衝突

襟裳岬を後にして国道へと戻る道すがら，歌露から海岸に下りて下さい(図39)。干潮時には海岸に広く襟裳層の露頭が見られます。露頭に近寄ると……？？　まだら模様とも縞模様ともつかないような，見かけない岩相が目に飛び込みます。いったい何でしょうか。

この付近の露頭は，①で観察した襟裳層の礫岩の北側延長部分に相当します。この礫岩は歌露礫岩とも呼ばれ，このように強く変形した岩相の方が有名なのです。一見すると礫岩とは思えないほどに変形しているのは，過去の断層運動のためです。礫の多くがうねったように伸びて変形しています(図41)。変形した礫の方向から，どのような力が加わったかを教えてくれます。その解析によると，襟裳層は堆積後に3〜4段階もの重複した変形を受けているそうで，北海道の西部と東部の2つの陸塊の衝突と，日高山脈成立までの構造運動を記録しているものと考えられています。

(川上　源太郎)

## 黄金道路と岩盤崩壊

　黄金道路は日高山脈が太平洋に落ち込むところ，あらあらしい断崖に開かれた道路です。この道路は人力で開削された蝦夷地最初の道路といわれ，1892(明治25)年にはトンネルが開通して人馬の通行が可能となりました。昭和になって本格的な道路の開削工事が始まった日勝連絡道路(幌泉 - 広尾間，現在の国道336号)は，18名もの尊い生命と巨額な工事費をかけて1934(昭和9)年に完成しました。この巨額の工事費から「黄金道路」と呼ばれるようになったといわれています。厳しい自然条件や険しい地形条件は，現在でも変わりません。このなかで斜面崩壊や波浪(越波)から，道路交通の安全を守るためには多くの努力が必要です。

　2003年十勝沖地震から約4か月後の，2004年1月13日午後10時25分ごろ，黄金道路のえりも町庶野(宇遠別第1覆道広尾側坑口付近)で大規模な岩盤斜面の崩壊が発生しました。崩壊した斜面は高さ約100mで，崩壊土量は約42,000 $m^3$ にのぼり，覆道が約70mにわたって破壊したうえ，監視にあたっていた開発局職員が死亡するという惨事となりました。この崩壊は地形や地質，岩盤の力学的な特性，地震の影響などさまざまな要因が関係して発生したといわれています。

　崩壊の発生した旧宇遠別第1覆道付近は，白亜紀〜古第三紀に海溝やその周辺で堆積した砂岩や泥岩が，マグマの熱による変成作用をうけてできたホルンフェルスという岩石からなっています。ホルンフェルスは，一定方向に剝がれやすいといった性質はなく，塊状で黒っぽい硬くて強い岩石です。

7 えりも岬の古第三紀礫岩　265

**図42** 2004年1月えりも町の斜面崩壊（㈱シン技術コンサル提供）

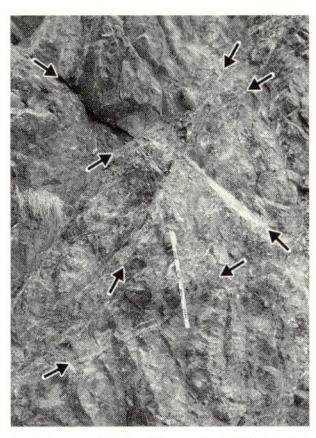

**図43** えりも町宇遠別第1覆道付近の岩盤の割れ目。矢印を結ぶ線に割れ目や白い鉱物の脈が見える。

　このような岩石が，どうして崩れるのでしょうか。崩壊した斜面やその近くの崖を観察すると，岩盤には規則的な割れ目(節理や小断層)があるのがわかります。割れ目はしばしば白い鉱物(石英や沸石)によって埋められています。このような割れ目に沿って水や空気が入り込んで風化が進み，割れ目が開いてゆるんでゆくと，やがてその部分から崩壊することになります。普通，割れ目が斜面の傾斜方向，海側に傾いていたら落ちやすく，逆に割れ目が山側に傾いていると落ちにくくなります。この崩壊はこういった岩盤の割れ目に沿って発生したのです。

　しかし，岩盤の風化や崩壊のしくみについてはまだまだわからないことがあります。災害を知り，避けるための研究がもっともっと必要です。

(田近　淳)

## 地質百選と
## ジオパーク

　人々は地球の表層である地殻の上で生活しています。そこは大地とも呼ばれ，さまざまな特徴があり独特な景観をつくっています。多くの観光地には火山や温泉がありますが，これらは生きている地球の象徴でしょう。しかし，噴火することもあれば，地震や津波，地すべり

**表1　道内の地質百選**
[地質情報整備・活用機構より] www.gupi.jp/geo100/index.html

1. 知床半島：千島列島から続く火山列の1つ。ドーム型の羅臼岳や硫黄を流出する硫黄山などは活火山。温泉も豊富。
2. 白滝黒曜石：約2万年前の大石器工場。東洋最大の黒曜石の原産地だった。道内各地や本州，シベリアでも発見される。
3. 神居古潭渓谷の変成岩：褶曲構造の見られる青色片岩や緑色片岩は，地下深所で低温高圧型の変成作用を受けたことを表わしている。
4. 夕張岳と蛇紋岩メランジュ：北海道は東北日本弧と千島弧が衝突合体してできた。蛇紋岩メランジュは衝突前のプレート沈み込み帯の深部。
5. 夕張の石炭大露頭：1888(明治21)年，坂市太郎が発見した石炭の大露頭。夕張炭田発見の契機となった。
6. 幌尻岳と七つ沼カール：海洋地殻と島弧性地殻が衝突してできた日高山脈の最高峰。カールやモレーンなどの氷河地形がよく観察される。
7. 有珠山・昭和新山：有珠山は2万年近く前から噴火し続けている。1944年，山腹の畑が噴火し始め，250mの昭和新山となった。
8. アポイ岳と高山植物群落：日高山脈ができるときに上部マントルが上昇露出して，世界的に有名なカンラン岩のアポイ岳とそこにしかない高山植物群。
9. 霧多布湿原：美しい湿原の地下の泥炭層には，9層以上の巨大津波痕跡が埋没している。1000年単位の解析ができ，世界から注目されている。
10. オンネトー湯の滝：雌阿寒岳の山麓に発した温泉水中で，マンガン酸化細菌がはたらき，マンガン鉱床となった。目の前で鉱床生成が見える。

や土石流などの災害をもたらすこともあります。それもこれも「地質」(大地の性質)によるところが大きいのです。そこで日本全体から，地質現象のよくわかるところを100か所選びだし，広く理解していただくことにしたのが「日本の地質百選」です。

地質百選といっても，2007年に選出されたのは全国から83か所でした。その後，2009年に37か所が追加され，計120か所の指定となったのです。これらのうち北海道からは10か所が選ばれました(表1)。大阪府のように1件も指定がない都道府県もあるので，広いとは

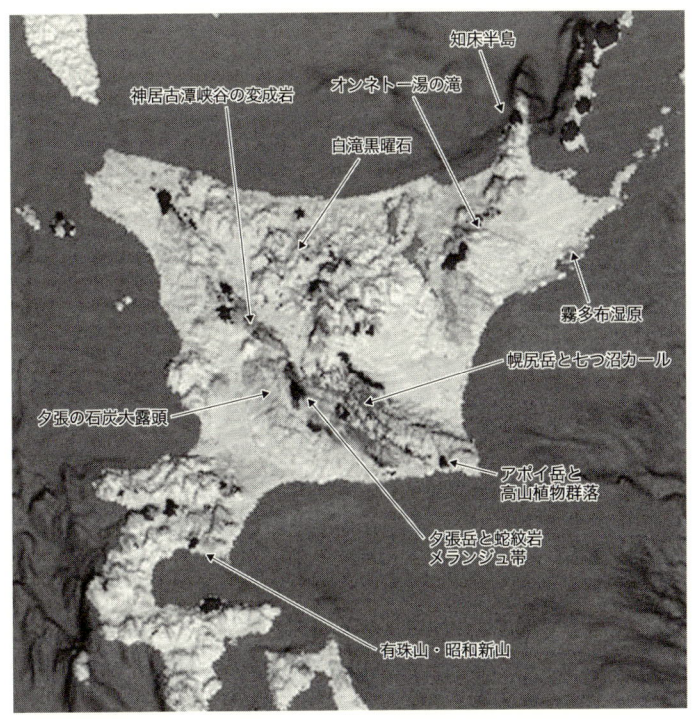

**図44** 道内にある日本の地質百選

いえ 10 件もの指定があるのは，開拓の苦闘を経て地質資源の恩恵を享受しつつ，大地らしさを残している証でしょう．百名山のすべてに登ろうとする人たちがいるように，地質百選を訪れる人が増えることを期待します．

さらに国際的な取り組みとして，ユネスコが支援するジオパークの指定があります．ジオパークとは，科学的に見て特別に重要で貴重な，あるいは美しい地質遺産を複数含む一種の自然公園です．ジオパークでは，その地質遺産を保全し，地球科学の普及に利用し，さらに地質遺産を観光の対象とするジオツーリズムを通じて地域社会の活性化を目指します．

2004 年には世界ジオパークネットワークが設立され，現在では 70 か所を超えるジオパークが，参加基準を満たすものとしてこれに参加しています．日本からは，洞爺湖有珠山，糸魚川，島原半島が第 1 回目の推薦候補として 2008 年に選ばれ，2009 年に 3 か所とも認められたところです．これに引き続き，日本ジオパークへの登録審査も進んでおり，北海道からは，洞爺湖有珠山のほかにも白滝地域とアポイ岳のある様似町が登録をすませ，活発な活動を行っています．

（中川　充）

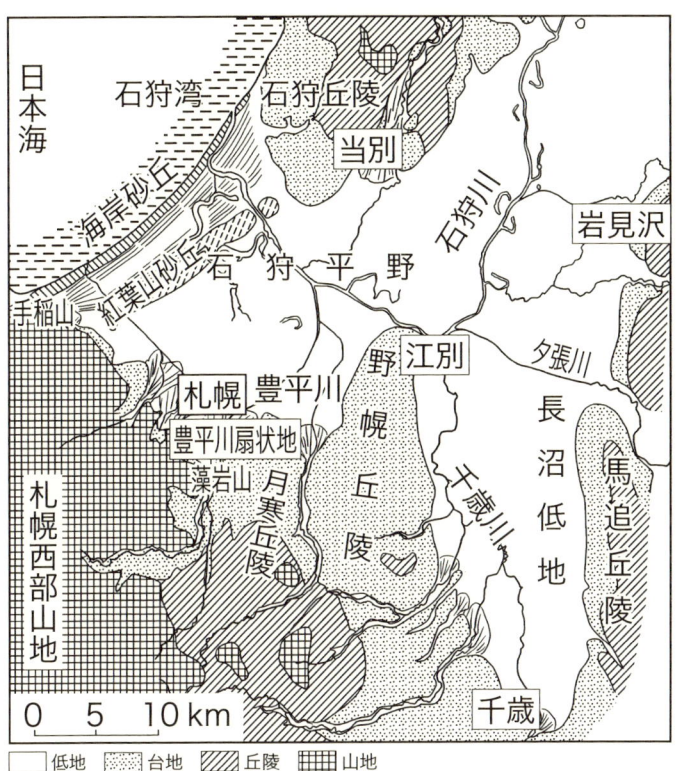

# X 札幌周辺の地史

札幌周辺の地形区分

X 札幌周辺の地史

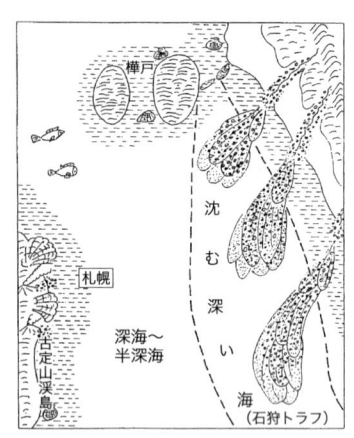

**図1** 1,500万年前ころの札幌周辺

札幌でもっとも古い地層は、定山渓付近にわずかに分布する薄別層です。この地層は、今から1億5,000万年前の中生代の中ごろに付加体をつくったものと考えられています。北海道に分布するその時代の地層の多くは、遠く南洋の赤道付近からプレートに乗って運ばれ、たどりついたとみられています。

1,700万〜1,400万年ほど前の中新世の前半になると、世界的規模で気温が上昇し、本州以南は熱帯から亜熱帯に、北海道も温暖な気候になりました。

ユーラシアプレートがオホーツクプレートにもぐり込むように衝突し、日本海やオホーツク海が広がってそれぞれ海盆が形成されました。石狩低地帯の東側には沈降する海(石狩トラフ)と、さらに東側には上昇する北部の日高山脈があり、そこで侵食された砂礫が石狩トラフに流れ込んでいました(図1)。

石狩トラフと呼ばれる深い海の西側には古定山渓島がありました。中新世の後半の1,000万年前ほどになると、古定山渓島付近では、石

X 札幌周辺の地史　271

**図2**　800万年前ころの札幌周辺

英斑岩のマグマ活動や,海底火山の活動が活発になり,とくにハイアロクラスタイトが広く形成されました(II章3節参照)。

中新世の中ごろから太平洋プレートが北西方向へ斜めに沈み込みを開始し,それに連動して千島弧(前弧)が西へと移動するようになりました。そして,千島弧での火山活動が活発化し,雁行状に火山帯が形成されてゆきました。

千島弧の西進の結果,東北日本弧に千島弧が衝突し,千島弧の下部地殻は口を開いたように割れ,めくりあげられるように上昇して日高山脈が隆起しだします(VIII章3節参照)。苫小牧や岩見沢付近ではやや深い海が広がり,東部の山地から運ばれた土砂がその海へと流れ込み,海底扇状地が形成されていました(VII章2節参照)。

800万年前ころには,古定山渓島の周辺にはやや深い海が広がっていましたが(図2),島の周辺の浅い海にはサッポロカイギュウが生息していました(II章2節参照)。その後,古定山渓島の東縁から東側の海域で火山活動が活発化し,地下からのマグマの上昇や火山噴火に

**図3** 500万年前ころの札幌周辺

よって海底火山があちこちに生まれ，陸地が次第に広がっていきました。

500万年前ころになると，豊平川流域のうち石山付近より上流はほぼ陸域となり，その周辺の海域では海底火山の二次的な侵食や崩壊などにより海底土石流が発生し，さらに浅海域でも火山噴火があって大量の噴出物が堆積し，鮮新世の西野層が形成されました(図3)。

この時期，陸域ではカルデラが形成され火砕流台地が広がっていました。硬石山の岩体がマグマとして地下に貫入します(Ⅱ章2節参照)。その後，平坦溶岩と呼ばれる無意根山，札幌岳，空沼岳などの溶岩台地の山々ができ，札幌西部の火山性山地が形成されていきました。

500万年前ころから始った，火山島とその周辺での活発な火山活動に続いて，280万年前になると藻岩山の噴火が起こり，230万年ほど前に終息しました(Ⅳ章1節参照)。このころ以降，札幌西部山地にあたる地域はほぼ完全に陸域化し，堆積域は石狩低地帯にあたる地域に限られることになりました。

300万年前ころ以降，地球上はしだいに寒冷化が進みます。北海道

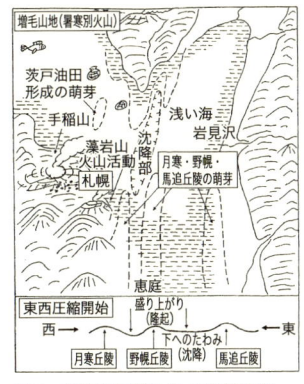

X 札幌周辺の地史 273

**図4** 250万年前ころの札幌周辺 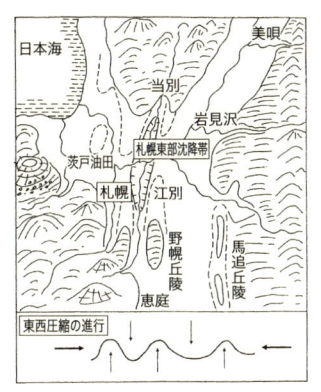　　**図5** 150万年前ころの札幌周辺

　付近のプレートのせめぎ合いから，今日のすがたに近い地形がかたちづくられていきました。ユーラシアプレートとオホーツクプレートの2つのプレートの押し合いが活発化し，日本海東縁変動帯と呼ばれる圧縮帯が誕生します。この東西圧縮力によって，馬追丘陵，野幌丘陵，月寒丘陵の芽がこの時期に誕生し，現在まで引き継がれていきます。圧縮の進行とともに丘陵は上昇し，それとともにすがたを現した各丘陵の間には，長沼沈降帯，札幌東部－当別沈降帯が形成されていきました（Ⅶ章1節参照）。

　およそ260万年前以降の第四紀に入ると，気候は周期的に寒冷期を迎えます。氷河時代と呼ばれるゆえんです。気候が寒冷化すると陸域に降った雨や雪が，氷となって大陸にとどまり，しだいに海水面は低下し陸域は拡大します。また間氷期と呼ばれる温暖な時期には海面が上昇し，陸域は狭まりました。

　札幌東部から北部に広がっていた浅い海に堆積したのが，材木沢層や裏の沢層で，当時の海に生息していた貝化石が含まれています。

　およそ100万年前以降の第四紀の後半に入ると，10万年前後の周

図 6　21.5万年前ころの札幌周辺　　図 7　12万年前ころの札幌周辺

期で氷期と間氷期が繰り返すようになり，氷期は海退期，間氷期は海進期と呼ばれます。

21.5万年前の海進期には，札幌西部山地と夕張山地の間には浅い海が広がり，石狩海峡となっていました(図6)。馬追丘陵の北部は小高い陸になっていましたが，野幌丘陵はまだ海に沈んだ丘でした。この時代に野幌層群の下部や，早来付近では早来層がこの海峡底に堆積しました。

12万年ほど前の最終間氷期前半の海面上昇がピークを迎えると，石狩海峡はさらに奥地まで海域を広げます(図7)。しかし，引き続く東西圧縮力により，馬追丘陵，野幌丘陵は以前よりも高さを増し，南北に長い丘陵地がすがたを見せるようになります。この時期に堆積したのが，野幌層群上部層です。十勝にナウマン象がやってきたのもこのころでしたので，おそらく，この地域にもやってきたに違いありません。

10万年ほど前になると，洞爺火山の活動が活発になり，火山灰を何回も降灰させました。洞爺火山は日本海にも達する大規模火砕流を

X 札幌周辺の地史　275

**図8** 10万年前ころの札幌周辺　　**図9** 4万年前ころの札幌周辺

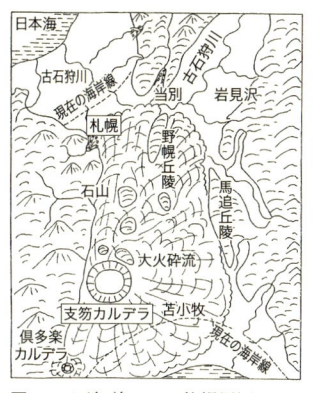

噴出して、カルデラを形成しました（Ⅵ章3節参照）。

　寒冷化による海退で、海岸線は現在よりも海側へ移動し、石狩低地帯は大湿原へとすがたを変え、しだいに台地へと変貌していきます（図8）。山地では河川による侵食が進み、平地へと堆積物を供給していきます。こうして野幌層群上部の小野幌層や、本郷層が堆積します。

　4万年前になると支笏火山の活動が活発になり、膨大な量の火山噴出物をだします。そして噴火口より40km遠方の札幌市北部まで達する大火砕流を噴出し、カルデラ湖である支笏湖を誕生させます（図9）。この火砕流は、札幌市石山付近では溶結凝灰岩となって札幌軟石になり、苫小牧付近では多くの河川を堰止めました（Ⅱ章1節参照）。しかし、石狩川がこの火砕流によって流れが変わったかどうか、確かな証拠はまだ見つかっていません。支笏火砕流により豊平川は石山付近で堰止められました。その後、真駒内よりダムの堰を切るように現在の真駒内川の位置から川沿〜藻岩下に流れを変えたと考えられています（Ⅱ章1節参照）。

　4万年前にできた支笏湖には、北西‐南東方向に弱線が入り、その

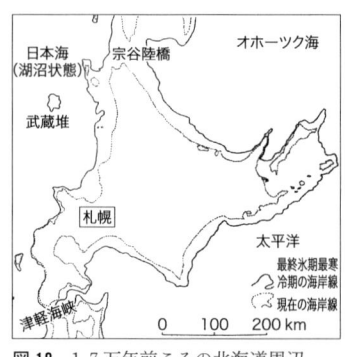

図10 1.7万年前ころの北海道周辺

図11 1.7万年前ころの札幌周辺

後，風不死岳，恵庭岳や樽前山の火山活動が始まります。恵庭岳や樽前山からの噴出物である火山灰は，偏西風に乗せられて風下の東側に降灰しました。

2万年前ほどには，北海道にも人類の足跡がしるされます。1万7,000年ほど前になると，地球は最も寒冷な時期を迎えます。極地は厚い氷でおおわれ，海水面は低下し陸地が拡大し，日本海は湖沼状態になったと考えられています。

石狩湾や噴火湾はほとんど陸化し，北海道とサハリンは陸橋でつながってアジア大陸と陸続きになりました（図10）。暖かい南を求め，この陸橋を渡ってマンモス象やオオツノシカなど多くの動物たちが北海道にやってきたことでしょう。石狩低地帯は台地と化し，しだいに河川による侵食が始まり，谷が刻まれていきます（図11）。

1万年以後になると，温暖期を迎えます。極地の氷河が解け海水面が上昇します。いわゆる縄文海進です。そのピークは6,000年前ころで，石狩低地帯は日本海側から海が浸入し，その入口付近に砂州が形成されました（図12）。

**図12** 6,000年ころの札幌周辺

　その後の寒冷化にともない、海岸線はしだいに後退します。その過程で、紅葉山砂丘の外側には数々の砂堤列を残していきました。4,000年ほど前には紅葉山周辺で秋鮭を捕獲しており、その遺跡が見つかっています（Ⅰ章1節参照）。さらに、札幌市北部は広く泥炭が堆積する湿地的な環境へと変わっていきました。豊平川がかつて流れていた伏籠川沿いには自然堤防が発達し、その川沿いに人々が移り住み、街道をつくっていきました。また現在の北海道庁付近など、扇状地の先端部には豊かな湧水があり、こうした自然環境が開拓時代以降にはビールを含む各種産業の発展の資源となっていきました。

　今日、私たちの生活は、大地の変動の歴史に制限されながらも、それと共存しながら、未来を切り拓いてきたといえます。地球と人類の未来を考えるうえで、この大地の歴史は私たちにさまざまなことを教えてくれるのではないでしょうか。

（岡　孝雄・田中　実）

# あとがき

　『札幌の自然を歩く』が最初に出版されたのは，1977 年 8 月でした。1983 年に『十勝の自然を歩く』が，そして 1984 年 5 月には『札幌の自然を歩く［第 2 版］』が出版されました。その後，『空知の自然を歩く』(1986)，『道南の自然を歩く』(1989)，『道北の自然を歩く』(1995)，『道東の自然を歩く』(1999) が次々と出版され，地質案内書「自然を歩くシリーズ」は 22 年間をかけて全道を網羅しました。

　1970 年代，日本国内は高度経済成長期にあたり，北海道内にも開発の手が伸び，あちこちで大地が掘り返され，それまで川筋や崖にしか見られなかった部分的な地層が，かなり広範囲に渡って立体的に私たちの目の前に現れてくるようになりました。さらにその後，ボーリング調査や振動による反射波探査，年代測定技術等が進歩し，私たちが生活する大地の形成史が，かなり解明されてきました。

　『札幌の自然を歩く［第 2 版］』が出版されて，20 年目の 2004 年，『札幌の自然を歩く［第 3 版］』出版の話がもちあがり，一定の構想期間を経て，2006 年 5 月に編集委員会が立ちあがりました。編集委員は皆，本業を抱えており，編集作業は遅々とした歩みでしたが，ここにようやく出版に漕ぎ着けることができました。

　本書シリーズの企画は，北大出版会におられた前田次郎さんの働きかけがあって始まったものです。そして現在の北大出版会の成田和男

さんに引き継がれ，最新のデータをもとに完成させることができました。

初版の『札幌の自然を歩く』に関わったもっとも若い人たちも，現在では高齢者の仲間入りをするようになってきています。学問の進歩とともに，ここに書かれている内容も，いつかは後世の人たちに書き換えられることになるでしょうが，ひとまず，現時点での札幌周辺の地学に対する考え方をまとめることができました。

多くの方々に足下の大地の歴史を知っていただき，歴史的な視点から周囲を見まわすと，人々の生活や，産業，環境や災害などの諸問題が，自然の永い歴史と関係し，それに深く拘束されながら人間や社会が動いているということがわかるでしょう。こうした新たな視点は地域や地球の将来を考える大きなヒントを与えてくれるでしょう。

また全道で理科を指導されている先生方の多くが，地域の地形や地質がよく理解できないという調査結果があります。そうした方々にもぜひ，本書を手に，周囲の自然に興味や関心をもっていただければ，授業にも十分役立つものと確信しております。

これからはエコツアーや，ジオパーク運動もますます盛んになってくるでしょう。私たちが生活している大地の生い立ちに想いをはせ，豊かな北海道を後世に確かに引き継いでいくためにも，本書には基礎となり参考になることがらがたくさん詰まっています。

これまで，地学の分野には興味のなかった方々も，この本を手がかりに自然を垣間見るだけで，蹴飛ばしてしまうような石ころにも，想像できない悠久な年月を含む大地の歴史があり，また想いもかけない人間とのつながりを感じることができるでしょう。

本書のなかで第四紀の年代がこれまでとちがうことにお気付きでしょうか。それは，国際地質学連合で「第四紀」という地質時代区分が正式に定義(2009)され，その始まりが，約258万年前と定められた

ことによります。この時代は人類紀ともいわれ，人類がこの地球上に登場し地球のあり方に影響を与えだした時代ともいわれています。さらにこの時代は地球上に温暖期と寒冷期が周期的に生まれた時代でもありました。地球温暖化の問題が叫ばれているときに，改めて，足下の大地を通して，この問題の重要性をかみしめ，地球規模の広い視野と科学的な見方・考え方をもって，この課題を解決していってほしいと願っています。

本書編集作業の最終段階であった 2011 年 3 月 11 日，歴史的な死者・行方不明者数をだす「東日本大震災」が発生しました。地球の長いスパンで発生する巨大地震や大津波の実体把握すら，人間には未知の領域であったことを実感させられます。本書が地球のすがたの一端の理解に役立つことを願うのみです。

最後になりましたが，本書はこれまでの多くの地質学研究の成果の上に立っており，関連する諸分野の多くの業績があってこそ本書の内容があることをお断りしなければなりません。本来ならば，このような論文を明記しなければなりませんが，それは読者の皆さんをわずらわすだけであることを考え，あえて省略させていただきました。先人の偉大な業績に敬意を表するとともに，深く感謝いたします。

2011 年 4 月 18 日　　　　　　　　　　　　　　　　　　田中　実

編集委員・執筆者

| 編 集 長 | 宮坂　省吾 | ㈱アイピー |
|---|---|---|
| 副編集長 | 田中　　実 | 元北海道教育大学札幌校 |
| | 岡　　孝雄 | アースサイエンス㈱ |
| | 岡村　　聡 | 北海道教育大学札幌校 |
| | 中川　　充 | 産業技術総合研究所北海道産学官連携センター |

| 執 筆 者 | 青柳　大介 | 札幌市立円山小学校 |
|---|---|---|
| | 植田　勇人 | 弘前大学教育学部 |
| | 上澤　真平 | 北海道大学大学院理学研究院 |
| | 小野　昌子 | 元 日高山脈館 |
| | 川上源太郎 | 北海道立総合研究機構地質研究所 |
| | 川村　信人 | 北海道大学大学院理学研究院 |
| | 後藤　芳彦 | 室蘭工業大学 |
| | 櫻井　和彦 | むかわ町立穂別博物館 |
| | 澤橋　菜月 | 札幌市立日新小学校 |
| | 鈴木　明彦 | 北海道教育大学札幌校 |
| | 平　　雄貴 | 函館市立西中学校 |
| | 高清水康博 | 新潟大学 |
| | 高橋　賢一 | 夕張市教育委員会 |
| | 田近　　淳 | 北海道立総合研究機構地質研究所 |
| | 中川　光弘 | 北海道大学大学院理学研究院 |
| | 並川　寛司 | 北海道教育大学札幌校 |
| | 新井田清信 | 北海道大学大学院理学研究院 |
| | 古沢　　仁 | 札幌市博物館活動センター |
| | 松田　義章 | 北海道札幌あすかぜ高等学校 |
| | 松本亜希子 | 北海道大学大学院理学研究院 |
| | 山崎　　茜 | リコージャパン北海道㈱ |
| | 米島真由子 | アースサイエンス㈱ |

# さくいん

**あ**
アオイガイ　20
青トラ石　194,240
青山玄武岩　76
アクチノ閃石岩　241
圧砕岩　202
アポイ岳　250
アポイ岳ジオパーク　252
アルカリ角閃石　194,240
安山岩　38,43,81,83,93,95
アンモナイト　177,183,192,208,211

**い**
硫黄鉱床　147
生きている化石　176
幾春別層　173
石狩地震　6
石狩層群　171
石狩高岡層　60
異常高圧層　237
泉郷断層　155
一番川層　75
イドンナップ帯　203,245
イノセラムス　191,211
イワオヌプリ　151
岩内岳かんらん岩　198
岩見沢層　159
インジウム　56
インブリケーション　83,165

**う**
宇遠別第1覆道　264
受乞層　234
有珠b降下軽石　134,227
有珠山　136
有珠新山　140
薄別層　54
渦鞭毛藻　262
歌露礫岩　263
ウミガメ類　210

**え**
液状化　4
エコミュージアム　144
エゾキンチャクガイ　20
蝦夷層群　180,188
恵庭a降下軽石　35,126,155,221
恵庭岳　125,127
襟裳層　261

**お**
追分層　156
黄金道路　264
大有珠溶岩ドーム　140
大崩れ　193
オガリ山潜在ドーム　140
鬼の洗濯板　235
オフィオライト　203,206
温泉型金鉱床　100

**か**
貝化石　19,175,261
海岸砂丘　9

284 　さくいん

カイギュウ化石　34, 41, 43
海牛目　48
崖錐　96
海成段丘　11
海棲哺乳類　48, 197
灰長石　149
海底火山　98, 108, 114, 197, 213
海底土石流　25, 42
海浜環境　64
海浜植物　9
海洋動物　17
海洋プレート　206
貝類　19
河岸段丘　51
鍵層　60, 164
角閃岩　203, 205
角閃石　28, 36, 82, 204
花崗岩　110, 166, 204, 213
火砕流　27, 95, 128, 137, 148
火砕流堆積物　112, 129
笠山異変　135
火山円礫岩　112
火山科学館　141
火山角礫岩　25, 102
火山砕屑性堆積岩　28, 46, 113
火山性礫岩　30
火山弾　104, 143
河跡湖　6
化石林　223
硬石山岩体　36
硬石山デイサイト　36
活火山　146
活断層　68, 155
滑落崖　92
火道　99, 113

火道角礫岩　112
樺戸層　76
カリウム－アルゴン法　40, 77, 95, 110, 166, 262
カール　207
軽石　32, 222
軽石凝灰岩　25, 157
カルデラ　126, 138
川端層　160, 235
間欠泉　132, 134
環状列石　106
岩屑なだれ　92, 125
岩屑なだれ堆積物　92, 93, 143, 150, 152
貫入　44
岩盤崩壊　120, 264
岩脈　87, 99, 103, 114, 116
かんらん岩　198, 250
かんらん岩広場　258
かんらん石　83, 250

き

輝石　81
逆級化　261
逆断層　69
旧石山郵便局　33
級化現象　42
給源岩脈　103, 116
旧豊平川　5
凝灰角礫岩　28, 95, 157
凝灰岩　112, 164, 246
金鉱床　99
銀沼火口　140

く

鯨目　48
クッタラ火山　94, 132

さくいん　285

クビナガリュウ　177, 189, 208
隈根尻層群　76
グラニュライト　205, 258
グリーンタフ層　47, 55
黒雲母　166, 204
クロスラミナ　24, 30, 191
クロム鉄鉱　193

**け**

珪酸　82
珪質頁岩　75
珪藻化石　29, 164
珪藻質泥岩　29
頁岩　261
結晶片岩　192, 194
現河川氾濫原　69
玄武岩　98, 100, 197, 243
玄武岩質マグマ　250

**こ**

高圧変成岩　195
高位面　35, 51
降下火山噴出物　102
降下軽石堆積物　130
硬質頁岩　15, 74
向斜　40, 67
鉱床　56
小有珠溶岩ドーム　140
構造運動　196, 263
構造谷　73
後氷期　58
小金湯岩体　43
後カルデラ火山　124, 131
苔虫　246
互層　24, 161
コノドント　246
古日高山脈　235

古羊蹄山　146, 150
古流向　165
混濁流堆積物　41

**さ**

最終間氷期　60
最終氷期　60, 82
最低位段丘面　27
最低位面　29
材木沢層　63
サガリテス　47
砂岩　24, 42, 115, 165, 235, 262
砂岩泥岩互層　157, 163
ざくろ石　242
砂し　8
サージ堆積物　141
サッポロカイギュウ　41, 43, 48
札幌硬石　30
札幌軟石　30, 33
砂堤列　10, 12
砂鉄　9
サファイア　214
差別侵食　181
砂脈　6
三角州　63, 114
山体崩壊　92, 93, 150, 152
山麓緩斜面　82, 96

**し**

ジオパーク　144, 252, 266, 268
支笏火砕流堆積物　27, 221
支笏火山　22, 26, 216
支笏火山噴出物　35
支笏カルデラ　94, 131
支笏第1降下軽石　217
獅子内貝化石産地　61
獅子内層　62

さくいん

自然堤防　5
聚富面　11
磁鉄鉱　9,242
縞状軽石　130
斜交層理　114
斜交葉理　115
斜長石　28,36,81,201
斜方輝石　199,250
蛇紋岩　178,182,193,196,241
蛇紋岩砂岩　196
褶曲　37,58,78,181,242
重晶石　99
集積岩　202
周氷河地形　96
重力流　163,235
俊別背斜　63
定山渓温泉　51
定山渓岩体　52
定山渓郷土博物館　53
定山渓ダム資料館　55
小断層　265
上部蝦夷層群　189
上部マントル　199,250
縄文海進　7,8,218
縄文時代　106,195
昭和新山　139
食肉目・鰭脚類　48
白井川層　55
白水川層　55
尻別岳　148
ジルコン　41
シルト岩　168
白雲母　242
深海底玄武岩　247
侵食地形　157

神保小虎　118

す
水蒸気爆発　132,151
水中火砕流　25,60
スコリア　85,130,139
スコリア丘　139
スピネル　250
須部都層　72
スランプ堆積物　169

せ
正級化　162,261
生痕化石　42,191
青色片岩　195
成層火山　138,149
正断層　142
生物擾乱　42
世界ジオパーク　145
石英　28,36,81,265
石英斑岩　43,50,52,53
石英片岩　243
潟湖　62
石炭　14,170,174
石炭層　14,171,191
石炭の歴史村　171
堰止湖　26
石灰岩　213,246,248
節理　116,265
潜在ドーム　133,139,140,142
扇状地　64,230
前置層　114

そ
曹長石　239
層理　40
層理面　162,171,186,235
続縄文時代　107

さくいん　287

ソデガイ　40
**た**
大正地獄　135
堆積シーケンス　75
太平洋プレート　131
滝の上層　157, 167, 193
蛇行河川　5
伊達山層　62
ダナイト　199
タービダイト　41, 162, 169, 233
樽前a降下軽石　6, 220
樽前b降下軽石　220
樽前c降下軽石　220
樽前c2降下軽石　227
樽前d降下軽石　219
樽前山　127
段丘　11
段丘堆積物　58
段丘面　11, 27, 71
段丘礫層　73
単斜輝石　250
断層　44, 74, 202
**ち**
地殻変動　45, 142, 162
地溝帯　143
地質　267
地質災害　145
地質の日　119
地質百選　267
チタン鉄鉱石　190
地熱　151
チャート　166, 243, 245
中位面　35, 51
中央火口丘　129
柱状節理　38, 81, 83

沖積層　58
中低位面　35
頂置層　114
**つ**
津波　226
津波堆積物　229
**て**
低位面　29, 52
泥火山　236
泥岩　15, 24, 42, 47, 189, 235, 261
泥岩砂岩互層　38, 44
デイサイト　31, 82, 99, 111, 133
低湿地　172
泥炭　68
手稲山溶岩　95
デスモスチルス　192
デルタ　230
**と**
撓曲　69
ドゥシシーレン属　49
当別層　60
当別ダム　67
当別断層　68, 71
洞爺火砕流　137
洞爺火山　137
洞爺火山灰　61
洞爺湖有珠山　268
土石流堆積物　46
トッタベツ亜氷期　207
トーナル岩　258
ドーム構造　67
砥山層群　38
豊羽鉱山　56
豊浜トンネル　120
豊平川扇状地　4

トラフ状斜交層理　233
**な**
長沼断層　158
流れ山　92, 125, 143, 150
七つ沼カール　207
**に**
新冠泥火山　236
西野層　24, 82
二重山稜　129
ニセコ火山　146
荷菜層　232
日本海の拡大　76
二枚貝　15, 61, 191
**ね**
熱水　99, 147
熱泥流　141
**の**
ノジュール　15, 183, 189
ノッカー地形　181
ノドサウルス　210
**は**
ハイアロクラスタイト　27, 45, 82, 101, 110, 116
背斜　40, 44, 58, 67
白頭山－苫小牧火山灰　227
爆発的噴火　85
爆裂火口　133, 134, 151
函淵層群　190
八剣山岩体　40
発寒川氾濫原　7
馬蹄湖　5
はまなすの丘公園　8
ハルツバージャイト　199, 256
板状節理　83, 84, 95
盤の沢層　67

氾濫原　23, 64
斑れい岩　202, 213
**ひ**
ビカリア　75
被子植物　186
日高火成弧　205
日高山脈　204, 213
日高山脈館　213
日高主衝上断層　202
日高変成岩類　205, 234
日高変成帯　202
日高累層群　166
ビーチコーミング　13, 17
ヒドロダマリス属　49
美々貝塚　218
美々川デルタ　224
百松沢岩体　43
百松沢層　44
漂着物　13
日和山　134
平岸段丘　23
平岸面　23, 51
**ふ**
ファンデルタ　65, 230, 235
付加体　247
フゴッペ洞窟　107
不整合　58, 60, 168
普通角閃石　239
沸石　117, 265
風不死岳　127
フルートキャスト　162, 233
噴気帯　134
噴石　134
噴泥　236

## へ
平坦溶岩　92
ぺぺライト　38
ベントス　19
片理　234

## ほ
放散虫　245
放射性炭素年代　69
放射年代　40
蓬莱山　238
捕獲岩　36,110
ホルンフェルス　205,264
ポロシリ亜氷期　207
ポロシリオフィオライト　205
幌満かんらん岩　250
奔須部都層　75

## ま
埋没土壌　7
マキヤマ・チタニイ　47
マグマ水蒸気爆発　141
マグマ溜り　202,213
マグマ噴火　151
枕状溶岩　100,180,197,248

## み
簾舞岩体　38
南長沼層　154
嶺泊面　12
ミマツダイアグラム　139
三松正夫記念館　139

## む
むかわ町立穂別博物館　212

## め
メタセコイア　175,186
メノウ　14
メム　4

## も
メランジュ　181,247

藻岩火山　80,85
望来層　15,67,74
モエレ山　5
モササウルス　209
元神部層　233
紅葉山砂丘　6
紅葉山層　167
モレーン　207

## や
八木健三　178

## ゆ
有孔虫　47
夕張層　171
夕張岳　178
ユウバリリクガメ　177
油徴　158

## よ
溶岩ドーム　86,111,127,129,139,140,151
溶岩噴泉　104
溶岩流　149
溶結　26,32
溶結凝灰岩　26,31,32
羊蹄山　146,149

## ら
ライマン　118
乱泥流　233

## り
リクガメ化石　210
リップアップクラスト　232
隆起丘　73
隆起構造　37
流紋岩　110

流理　110
緑色岩　246
緑色片岩　205, 241
緑れん石　239
緑れん石角閃岩　240
燐灰石　246

**る**

留寿都火砕流　148

**れ**

レアメタル　56
礫岩　42, 165, 166, 213, 261
礫質砂岩　233

礫質タービダイト　42
レルゾライト　256

**ろ**

ロジン岩　241
ローム　63

**わ**

若鍋層　173
ワタゾコウリガイ　15, 16
割れ目噴火　116

**記号**

24 尺石炭層　171

札幌の自然を歩く［第3版］
道央地域の地質あんない

2011年6月25日　第1刷発行

編著者　　宮坂省吾・田中　実
　　　　　岡　孝雄・岡村　聡
　　　　　中川　充

発行者　　吉田　克己

発行所　　北海道大学出版会
札幌市北区北9条西8丁目　北海道大学構内（〒060-0809）
tel. 011(747)2308・fax. 011(736)8605 http://www.hup.gr.jp/

㈱アイワード　　©2011　宮坂・田中・岡・岡村・中川
ISBN 978-4-8329-7411-1

|  |  |  |
|---|---|---|
| 地質あんない 道北の自然を歩く | 道北地方地学懇話会 編 | B6・286頁 価格1800円 |
| 地質あんない 道東の自然を歩く | 道東の自然史研究会 編 | B6・284頁 価格1800円 |
| 北海道の地震 | 島村英紀・森谷武男 著 | 四六・238頁 価格1800円 |
| 北海道の自然史 ―氷期の森林を旅する― | 小野有五・五十嵐八枝子 著 | A5・238頁 価格2400円 |
| 地球惑星科学入門 | 在田・竹下・見延・渡部 編著 | A5・452頁 価格2800円 |
| 持続可能な低炭素社会 | 吉田文和・池田元美 編著 | A5・248頁 価格3000円 |
| 持続可能な低炭素社会 II ―基礎知識と足元からの地域づくり― | 吉田・池田・深見・藤井 編著 | A5・326頁 価格3500円 |
| 持続可能な低炭素社会 III ―国家戦略・個別政策・国際政策― | 吉田文和・深見正仁・藤井賢彦 編著 | A5・288頁 価格3200円 |
| 地球と生命の進化学 ―新・自然史科学 I― | 沢田・綿貫・西・栃内・馬渡 編著 | A5・290頁 価格3000円 |
| 地球の変動と生物進化 ―新・自然史科学 II― | 沢田・綿貫・西・栃内・馬渡 編著 | A5・300頁 価格3000円 |
| 地球温暖化の科学 | 北海道大学大学院環境科学院 編 | A5・262頁 価格3000円 |
| オゾン層破壊の科学 | 北海道大学大学院環境科学院 編 | A5・420頁 価格3800円 |
| 環境修復の科学と技術 | 北海道大学大学院環境科学院 編 | A5・270頁 価格3000円 |
| 水中火山岩 ―アトラスと用語解説― | 山岸宏光 著 | A4変・208頁 価格8500円 |
| 新版 氷の科学 | 前野紀一 著 | 四六・260頁 価格1800円 |
| 雪と氷の科学者・中谷宇吉郎 | 東晃 著 | 四六・272頁 価格2800円 |
| モンゴル大恐竜 ―ゴビ砂漠の大型恐竜と鳥類の進化― | 小林快次・久保田克博 著 | A4・64頁 価格905円 |

北海道大学出版会

価格は税別

札幌の自然を歩く[第3版]

| 時代 | 章<br>(百万年) | I | II | III | IV |
|---|---|---|---|---|---|
| 第四紀 | 完新世<br>0.01〜 | 石狩地震<br>樽前a降下軽石<br>紅葉山遺跡<br>メム<br>縄文海進 | | 沖積層<br>当別断層の活動 | |
| 第四紀 | 更新世<br>2.58〜 | | 支笏火砕流 | 河岸段丘<br><br>中位段丘堆積物<br>(石狩高岡層)<br>高位段丘堆積物<br>(伊達山層) | 手稲山岩屑なだれ<br>藻岩火山<br>手稲火山 |
| 新第三紀 | 鮮新世<br>5.2〜 | | 西野層<br>海棲珪藻化石 | 材木沢層<br>当別層 | |
| 新第三紀 | 中新世<br>23.3〜 | 望来層 | 八剣山岩体<br>砥山層群<br>サッポロカイギュウ<br>古定山渓島<br>石英斑岩<br>定山渓層群 | 望来層<br>一番川層<br>須部都層<br>奔須部都層<br>青山玄武岩 | |
| 古第三紀 | 65〜 | | | 樺戸層 | |
| 中・古生代 | | | 薄別層 | 隈根尻層群 | |